건축 포트폴리오 표현 기법
건축적 관점의 표현과 취업을 위한 시각화 전략

건축 포트폴리오 표현기법

한태일 지음

온라인
건축교육 사이트
페이서(pacer.kr)
공식인증 교재

도서출판 대가

>> 들어가며

건축 포트폴리오는 '본인의 작품을 모은 책'이 아닙니다. 그 안에는 설계자의 사고방식, 디자인 철학, 한 사람의 성장 과정이 고스란히 담겨 있습니다. 포트폴리오를 만드는 일은 단순한 편집이나 정리의 과정이 아니라, 자신이 어떤 건축가로 성장하고 싶은지를 스스로에게 묻는 과정이기도 합니다.

 저 역시 학생 시절 수없이 많은 시행착오를 겪었습니다. 하나의 완성된 포트폴리오를 만들기 위해 같은 작업을 몇 번이고 되풀이했으며, 이미지의 크기, 글자의 위치, 페이지의 균형 하나하나에도 막막함을 느꼈습니다. 완성 후에도 늘 '이게 최선일까?'라는 의문이 남곤 했습니다.

 수많은 제작과 피드백, 실무 경험을 거치며 최종적으로 도달한 결론은, 포트폴리오는 '기교'나 '작품을 취합하는 기술'이 아니라 '사고의 흐름'을 담는 것에서 시작한다는 것이었습니다. 그 사고의 흐름은 설계자가 끝없이 고민하는 여정을 담는 것이며, 결코 쉽게 도달할 수 있는 영역이 아닙니다. 오히려 고민을 거듭할수록 더욱 깊어지는 과정입니다.

 이 책은 포트폴리오를 '예쁘게 만드는 법'을 다루지 않습니다. '왜 그렇게 배치해야 하는가', '무엇을 보여주어야 하는가', '어떻게 하면 보는 사람이 한눈에 이해할 수 있는가'에 대한 사고의 순서를 제시하며, 본인의 가치관과 사고를 표현하는 방법에 대해 이야기합니다. 즉, 결과물이 아닌 사고 구조를 정리해주는 책이라고 할 수 있습니다.

또한 이 책은 건축뿐 아니라 '자신의 생각을 시각화해야 하는 모든 분야'의 사람들에게도 적용할 수 있도록 구성되었습니다. 포트폴리오의 형식이 다르더라도 사고의 구조는 결국 같습니다. 따라서 각 장의 내용을 '규칙'으로 외우기보다 자신의 작업에 대입해 보며 구조적 사고를 훈련하는 도구로 활용하길 바랍니다.

이 책이 여러분의 첫 포트폴리오 여정에서 길잡이가 되어, '무엇을 담을지'보다 '어떻게 보여줄지'를 스스로 결정할 수 있는 힘을 만들어드릴 수 있기를 바랍니다. 이것이 제가 이 책을 쓰게 된 이유이자 독자에게 전하고 싶은 가장 큰 메시지입니다.

이 책의 원고를 집필할 때 이미지를 비롯해 여러 모로 도움을 주신 김지원 님과 장현수 님께 감사를 표합니다.

2025년 11월
저자 한 태 일

>> 차례

들어가며　　　　　　　　　　　　　　　　　　　　　　　　　　4

| Chapter 0 | 포트폴리오 | 15 |

| Chapter 1 | 포트폴리오 이해 | 129 |

1 포트폴리오 정의　　　　　　　　　　　　　　　　　130
　　1-1 기록의 수단　　　　　　　　　　　　　　　　130
　　1-2 가치관 표현　　　　　　　　　　　　　　　　130
　　1-3 성찰과 앞으로의 방향성　　　　　　　　　　131
2 포트폴리오에서 가장 중요한 것　　　　　　　　　131
　　2-1 균일한 퀄리티 유지　　　　　　　　　　　　131
　　2-2 건축적인 어휘를 사용할 것　　　　　　　　　132
　　2-3 전체를 관통하는 주제를 설정할 것　　　　　132
　　2-4 실험적인 프로젝트를 중심에 둘 것　　　　　133

Chapter 2   포트폴리오 전략 수립   135

1. 목표 설정   136
2. 프로젝트 선택   138
3. 프로젝트 성격   140
4. 프로젝트 순서   141
5. 프로젝트 제작 전략   142

Chapter 3   레이아웃 구성   145

1. 레이아웃   146
    - 1-1 레이아웃 관련 용어 정리   147
2. 페이지 제작   148
    - 2-1 머리말/꼬리말/페이지 수   148
    - 2-2 마스터 페이지 제작   150
    - 2-3 텍스트   152
    - 2-4 개별 레이아웃   152
3. 프로젝트의 표현 - 색   153

	3-1 키 컬러(강조색)	154
	3-2 미니멀리즘 표현	154
	3-3 맥시멀리즘 표현	155
	3-4 톤 앤드 매너	155
4	레이아웃 + 표현 주의사항	156
	4-1 보고서처럼 제작하지 않기	157
	4-2 너무 많은 이미지 배치하지 않기	158
	4-3 친절한 흐름 지양하기	159
5	기타 추가 표현	160
	5-1 보이지 않는 선(여백)	160
	5-2 이미지 제목과 선	160
	5-3 그리드 활용	161
	5-4 이미지와 겹치는 텍스트 지양	161
	5-5 외부 참조 이미지 및 픽토그램 최소화	162
6	포트폴리오 제출	162
	6-1 A3 제출	162
	6-2 A4 제출	163

Chapter 4 포트폴리오 제작하기 – 표지, 소개, 목차   167

1 표지 제작   168
   1-1 의도된 이미지가 있는 표지   168
   1-2 의도가 없는 이미지가 있는 표지   170
   1-3 글자로 구성된 표지   172

2 소개 제작   173
   2-1 간단한 사진   174
   2-2 학력   175
   2-3 경험   175
   2-4 기술 역량   176
   2-5 흥미/관심 분야   176
   2-6 자격증, 어학, 수상, 기타 활동   177

3 목차 제작   178
   3-1 대분류 > 소분류 방식   179
   3-2 섬네일을 활용하여 목차 페이지와 전체 프로젝트를 구성하는 방식   180
   3-3 기타 프로젝트별 간단 정보 기입   181

Chapter 5 　　**포트폴리오 제작하기** - 간지, 분석, 본문　　　　183

- **1** 간지 제작　　　　184
  - **1-1** 형태 전체를 보여주는 렌더링　　　　185
  - **1-2** 콘셉트를 보여주는 콜라주　　　　188
  - **1-3** 공간을 보여주는 부분투시도　　　　189
  - **1-4** 간지로 활용할 수 있는 모형 사진　　　　191
  - **1-5** 프로젝트 개요 작성　　　　192
- **2** 본문 페이지 제작　　　　197
- **3** 본문1. 요약 페이지　　　　198
  - **3-1** 이미지　　　　198
  - **3-2** 텍스트　　　　198
  - **3-3** 레이아웃　　　　198
- **4** 본문2. 분석 페이지　　　　200
  - **4-1** 대상지의 분석　　　　200
  - **4-2** 유저 분석　　　　202
  - **4-3** 현상 분석　　　　204
  - **4-4** 콜라주　　　　204
- **5** 형태/시스템 제안　　　　207

5-1 형태 제안		208
5-2 시스템 제안		210
5-3 워크플로 표현		213
6 본문3. 형태 발전 과정 표현		216
6-1 내러티브 디자인의 형태 발전 과정		216
6-2 메커니컬 디자인의 형태 발전 과정		221

Chapter 6 | 포트폴리오 제작하기 - 메인 페이지 | 225

1 메인 페이지 제작		226
1-1 렌더링		227
1-2 라인 드로잉		228
1-3 컬러 드로잉 또는 스케치		231
1-4 콘셉트 투시도		234
1-5 도면		236
1-6 모형 사진		240
2 최종 다이어그램 및 결론		241
2-1 동선 다이어그램		242

2-2 분해도		243
2-3 구조 · 설비 다이어그램		245
2-4 층별 · 부위별 도면		247
2-5 부분 확대도면		249
2-6 실내 투시도		253
2-7 모형 사진		254
2-8 투시도		256
2-9 기타 건축 드로잉		258

Chapter 7　서브 프로젝트 및 개인 작업 제작　265

1 서브 프로젝트 제작　266
　1-1 서브 프로젝트 - 공모전　267
　1-2 서브 프로젝트 - 인턴 경험　268
　1-3 서브 프로젝트 - 시공 경험　269
　1-4 서브 프로젝트 - 팀 프로젝트/해외 건축 경험　270
2 개인 프로젝트 수록　272

마치며　278

수록 프로젝트 개요

	프로젝트명	프로젝트 개요	키워드
메인 프로젝트	#1 The storage	화석연료 고갈에 따른 발전소/연료 저장소 등의 폐기물화에 따른 발전소/저장공간 등의 재구성	Mechanical design Futurism Conceptual
	#2 Catalyst	대상지에 존재하는 다양한 레이어를 모두 건물 내부로 끌어들이고 하나로 섞어주는 건축물	Narrative design Sity specific
	#3 Roofscape	도시계획 설계, 도시 지붕에 상인들의 필요에 의한 구조물에 착안하여 지붕공간을 하나의 새로운 대지로 재해석	Narrative design City Site specific User
	#4 [Re]volution	리모델링 건축물의 용도가 사라지고 버려지는 과정과 생명체가 진화로 인해 종을 보존하는 방법을 비교해가며 버려지지 않고 진화하는 가변형적인 건축물 제안	Mechanical design Futurism Conceptual Thesis
서브 프로젝트	#5 UU	파빌리온 설계, 건축물 옥상 공간에 사용자와 상호작용하는 키네틱 구조물 설계	Narrative design Site specific User Knetic design
	#6 PH7	공모전, 주거설계. 사유적 공간과 공유적 공간의 중심인 중성적 공간을 건축물 내부에 제안함으로써 새로운 형태의 주거유형 제안	Narrative design Site specific
	#7 Alley scape	해외 프로젝트, 도시설계, 방글라데시의 혼잡한 골목길을 재건축하는 것이 아니라 재정비를 통해 도시의 색을 유지한 채로 골목길의 환경을 조성	Narrative design Site specific
개인 프로젝트	#8 Portrait	개인 프로젝트, 자화상. 얼굴에 있는 요소를 구조적으로 재해석하여 분해하고 재조립하며 본인의 표정과 의미를 보여주고자 함	
	#9 MAB	개인 프로젝트, e북을 제작하여 일반인에게 건축재료를 소개하려고 하였음	
	#10 Architree	개인 프로젝트, 교육. 고등학생들에게 건축을 소개하는 프로젝트	
	#11 UAUS	팀 프로젝트, 파빌리온 제작/시공	

P·O·R·T·F·O·L·I·O

Chapter

0

포트폴리오

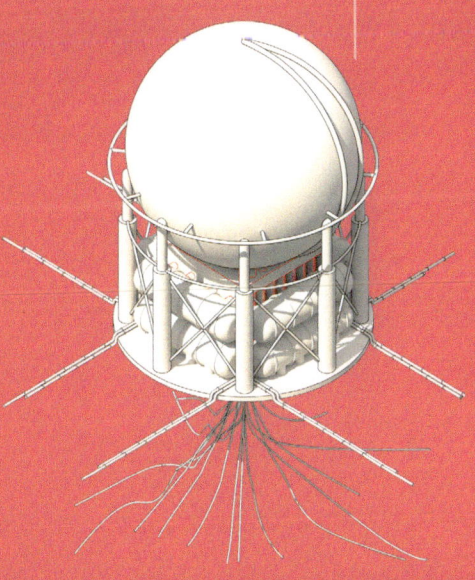

Rethinking General Idae of Common Sense

Han Tae Il, Portfolio

VOL.1

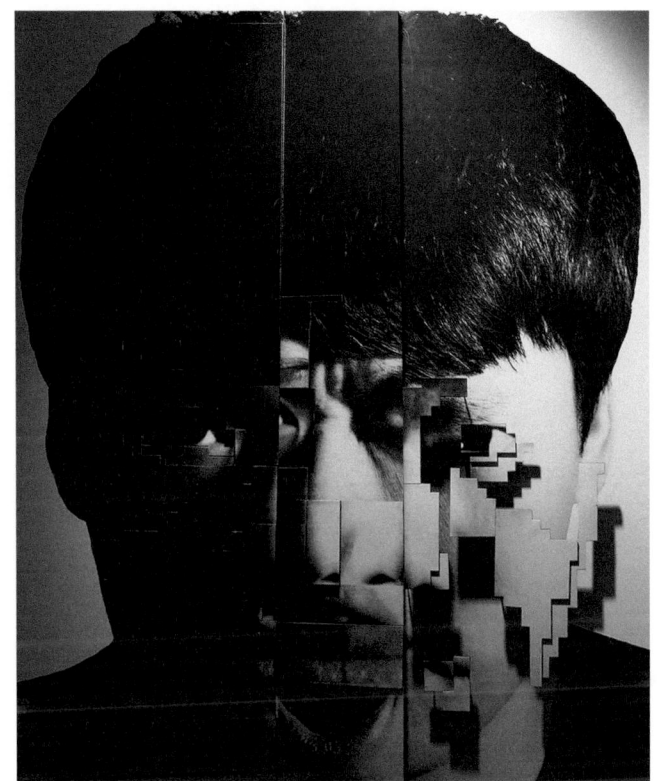

Han Tae Il

Architectural portfolio
VOL1 - Academic works

Portfolio
Design and Production by Han Tae IL
Copyright 2023 Han Tae il all rights reserved

Profile (KR)

게임, 영화, 그리고 디자인에 깊이 빠져 있는 사람입니다. 그는 상상 그 이상의 것을 찾아내는 데 열정을 가지고 있으며, 모든 '상상을 넘어서는 것'은 언제나 가장 기본적이고 일반적인 생각에서 출발한다고 믿습니다. 또한, 상상의 가장 작은 조각까지 고민하고, 거대한 생각과 미세한 생각 모두에 동일한 가치를 부여하는 것이 디자인과 디테일의 완성이라고 여깁니다. 그는 늘 사람의 마음을 움직이고, 그 너머를 향한 무언가를 만들고자 하는 꿈꾸는 디자이너입니다.

Areas of Interest
Architectural & Landscape design, 3D Modeling & Scripting, Rendering
Space analysis, Photography, Biology, Space science,

Personal particulars

Full name -	**Han tae il**		Nation -	**Repubilc of Korea**
Telephone -			Email -	**ttaett3@gmail.com**
Major -	Architecture			

Education backgrounds

2013-2019	건축학 학사	
	단국대학교 건축학과(5년)	
2019	국제캠퍼스 참여	
	University of asia pacific / Bangladesh	

Employment history

2019	INTERNSHIP
2020~2024	(전) 종합건축사사무소 디자인캠프 문박디엠피 팀장

License (KR)

건축사
대한민국건축사(KIRA)
국토교통부
대한건축사협회 정회원

건축기사
한국산업인력공단(대한민국)

실내건축기사
한국산업인력공단(대한민국)

건설안전기사
한국산업인력공단(대한민국)

(Eng)

Architects(KIRA)
Architects(Repubilc of Korea)
Ministry of Land, Infrastructure and Transport(Korea)
Korea Institute of Registerd Architects

Engineer of architects
Human Resources Development Service of Korea

Engineer of interior architects
Human Resources Development Service of Korea

Construction safety engineer
Human Resources Development Service of Korea

Achievements (KR)

LH 주택공모전 입상
LH주덱공사
당선작 전시 및 출판

Internatinal collage
방글라데시 UAP대학과의 교류, 도시설계 진행
약 1달간의 현지파견 및 협업

예수성심수도원 현상설계 당선
dmp 건축에서 진행한 현상설계 당선 및 실시도서 납품
25년 준공예정

23년도 2회 건축사시험 출제 및 검수위원 선정
1회 건축사시험 초회 합격 후 위원선정
시험 출제 검수 업무관련 파견

Personal experience

Timeline	Project	Summary/Role	Available in portfolio
2016	**UAUS**	파빌리온 제작 및 설치	●
16~19	**대학출강**	3d 건축 프로그램 출강 - 단국대학교	
2018	**Architree**	고등학생 대상 건축전공/진로 캠프 기획 및 참여	●
2018	**도시계획전시**	용인시 처인구 도시계획 프로젝트 참여 및 전시	●
2018	**LH 주택공모전 입선**	LH 주택공모전 참여 및 입선	●
2019	**국제대학교 프로젝트**	방글라데시 대학 교류 / 국제대학 프로젝트 참여 Dhaka 도시계획 설계 참여 및 전시	●
2020	**대학출강**	포트폴리오 컨설팅 관련 대학 출강 - 단국대학교	
2021	**자격(건축기사)**	건축기사 취득	
2022	**자격(실내건축)**	실내건축기사 취득	
2022	**Youtube**	유튜브 촬영 및 기획	
2022	**대학특강**	포트폴리오 컨설팅 관련 대학 특강 - 단국대학교	
2022	**인테리어 소품제작**	인테리어 소품 제작 및 클라우드펀딩 참여	
2023	**자격(건축사)**	대한민국 건축사	
2023	**자격(건축사)**	건축사 출제검증위원 선정/활동	
2023	**자격(건설안전)**	건설안전기사 취득	
2020~2024	**dmp건축**	(전)디엠피건축 팀장	
2023~	**Youtube**	건축자격증 및 건축 이야기 유튜브 촬영/운영	
2023~	**강사활동**	KAIS 학원 건축사부분 강사	
2025	**출강**	고등학교 진로체험프로젝트 기획 및 대표강사	

Skills & Expertise

3D Modeling tools

Rhinoceros	Expert
Grasshopper Scripting	Expert
Physics	Intermediate
Sketchup	Expert
Unreal Engine	Basic
Scripting	Intermediate
Auto CAD	Expert

Visualization

Lumion	Expert
V-ray	Expert
Twin motion	Intermediate
Photoshop	Expert
Illustrator	Expert
Indesign	Intermediate
Premier	Intermediate
After effect	Intermediate
Enscape	Expert

Analysis

QGIS	Intermediate
Space Syntax	Basic
Ladybug	Intermediate

Prompt & AI

Prompt engineering

Open Ai	Expert
GPT	Intermediate

Visualization

DALL-E	Expert
Midjourney	Expert
Veras	Intermediate
Lookx	Expert

Etc.

Youtube

Portfolio presentation / with DIGIT
　　Part 1 : https://www.youtube.com/watch?v=BKNcmds2WNs&t=1s
　　Part 2 : https://www.youtube.com/watch?v=bO4lAgb25eM

Company tour guide / with DIGIT
　　https://www.youtube.com/watch?v=ftPnJHnEtoA&t=60s

Architecture license talk / with DIGIT
　　https://www.youtube.com/@digit1212

Personal Youtube
　　https://www.youtube.com/@tail_tail

Behance

Portfolio
　　https://www.behance.net/gallery/146569155/Rethinking-Architecture-portfolio-Taeil-Han

Instagram

Personal
　　https://www.behance.net/gallery/146569155/Rethinking-Architecture-portfolio-Taeil-Han

Configuration

▼ *Current document*

Vol. 1 - 2015~2020
RETHINKING
Academic, Architecture, Competition, International, etc. ·············· *11 to 91*

Vol. 2 - 2020~2024
CAREER WORKS - dmp architecture
Career, Employee, Team works, Architecture, Competition, Construction, etc. ·············· *11 to 108*

Vol. 3 -
Personal works
Programing, Teaching, Volunteer, Exhibition, Art works, ·············· *11 to 91*
Installation, Youtube, Funding, Lecture, Interior, etc.

Vol.1 - Contents

PART 1
Rethinking general idea of Architecture
Individual works, Academic, Architecture

01. The Storage 9
Rethinking of Left things

02. CATALYST 29
Rethinking of Context

03. ROOFSCAPE 41
Rethinking of Inevitable space

04. [RE]volution 55
Rethinking life of architecture

PART 2
Rethinking general idea of Context
Team works, Competition, Employee, International, Architecture

05. UU 71
Rethinking of Urban activitys

06. PH7 85
Rethinking of Private & Sharing

07. ALLEYSCAPE 91
Rethinking of Urban blocks

PART 3
Rethinking Personal Works
Programing, Teaching, Volunteer, Exhibition, Art works, Installation

01. [RE]xperience 99
Art work, Portrait

03. MAB 103
Analysis, E-book

04. Architree 108
Teaching, Volunteer

05. UAUS 109
Installation

P

RE TH

General Idea

201
Selec

1

NKING

Architecture

)20
Vorks

The Storage

Rethinking life of Left things
2019,03-06
Individual project
Academic
Powerplant, Refinery,
Industrial Area, Everywhere

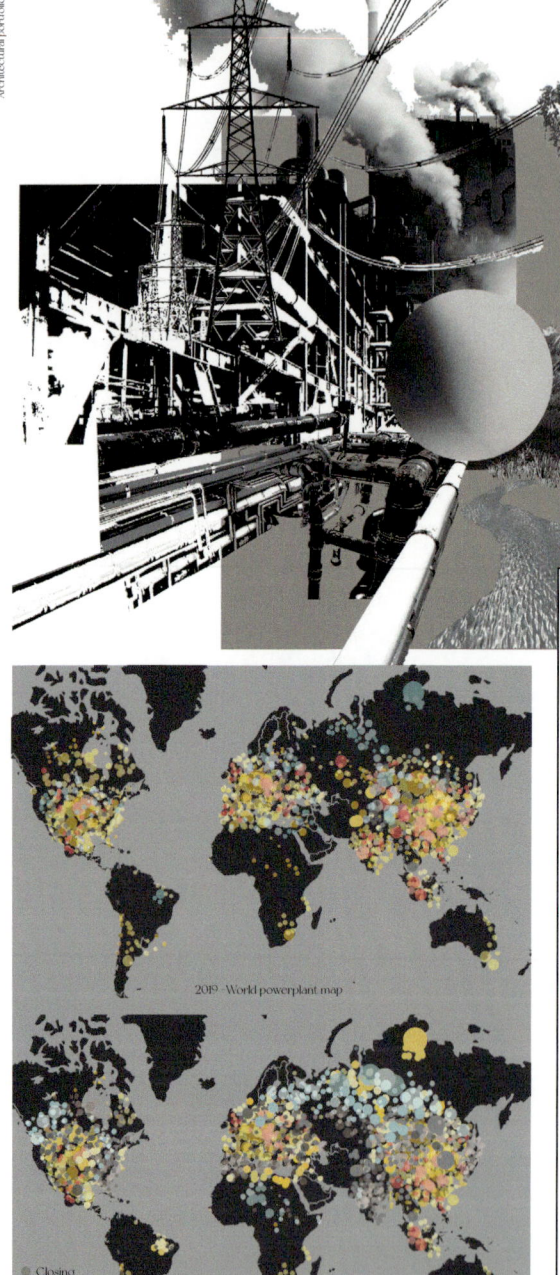

RETHINKING OF -
LEFT THINGS

Our city is filled with numerous un-material elements and material elements. These are the fast-moving mediums of complex cities, each carrying out its own functions, and are quickly replaced and left without function in a rapidly changing technology-intensive society.

The leftover non-material objects gradually disappear in the city, and the leftover material objects are broken down and disintegrated in their own way and easily degenerated into discarded objects. The modern city is called overpopulation and infinite expansion because the cities formed by the replacement and insertion of functions have achieved a supply of efficiency, such as dense growth and the development of quality housing and transportation in a short period of time, but have moved forward without predicting and reconsidering people, environment, and future.

The purpose of this study is to start by reorganizing infrastructure, a huge material object that has existed for a long time in the city, not simply abandoned and replaced when fossil fuels, the core raw material of the Industrial Revolution, are depleted.Volume, alternative energy development, environmental pollution, etc.

These attempts hope that the numerous things that are still easily left behind will be a methodology for developing new ways of not simply turning into abandoned ones, recycling and urban stacking.

SYSTEM MAKING FORM-
LEFT THINGS

We propose a new method of using old tanks, storage batteries, and power supply facilities that used to store fossil fuels that existed in thermal power plants. At this time, in order to reuse the tank, measures are needed to purify the pollution inside the tank, and instead of purifying it using external energy, the tank cluster purifies its body like a creature. At this time, we propose a system that uses simple hydroelectric power-storage heat to generate heat and electricity, which are essential energy.

The cooling water method was applied to produce a small amount of electricity due to a drop and to cool the hot heat generated in the storage and supply process of electricity. It is designed to cool the heat generated from the heat storage tank by placing the heat storage tank under the tank and filling it with water. This does not require special facilities and resources for cooling, and heated water is designed to circulate in buildings or be used by people.

The aging tank storage battery (purifier), a manufacturer, has a purification speed that is more than 100 times slower than that of purification using external energy, but it is of great significance that it breathes and purifies directly like a living thing.

The cooling water capacity of the previous spherical tank storage battery cluster is proportional to the sum of the power produced by the generator, the power stored in the storage battery, and the conductive heat generated when supplied to the city. This corresponds to the capacity of a 2.34.5m spherical tank filled with water.

These planned tanks plan to be located at the top of the building without simply touching the ground or going underground. Despite the disadvantage of storing heavy water in the upper floor, the company plans to quickly send heated water down to the lower floor to help generate electricity. The hot water, which quickly went down from the upper floor to the lower floor, moves back to the upper tank, and as the water gradually cools down, it heats the inside of the building. The temperature inside the building will vary depending on the floor height and floor area. Divide into places where life can and cannot live according to temperature.

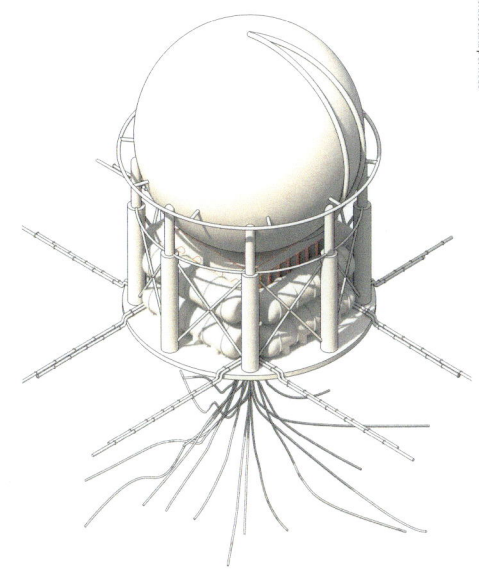

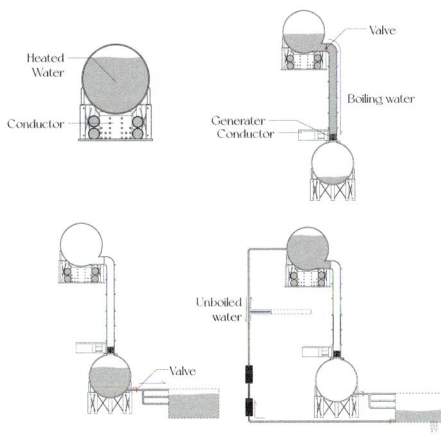

Powerplant & Water circulation

Boiling hydro powerplant

Chapter 0. 포트폴리오 _29

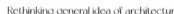

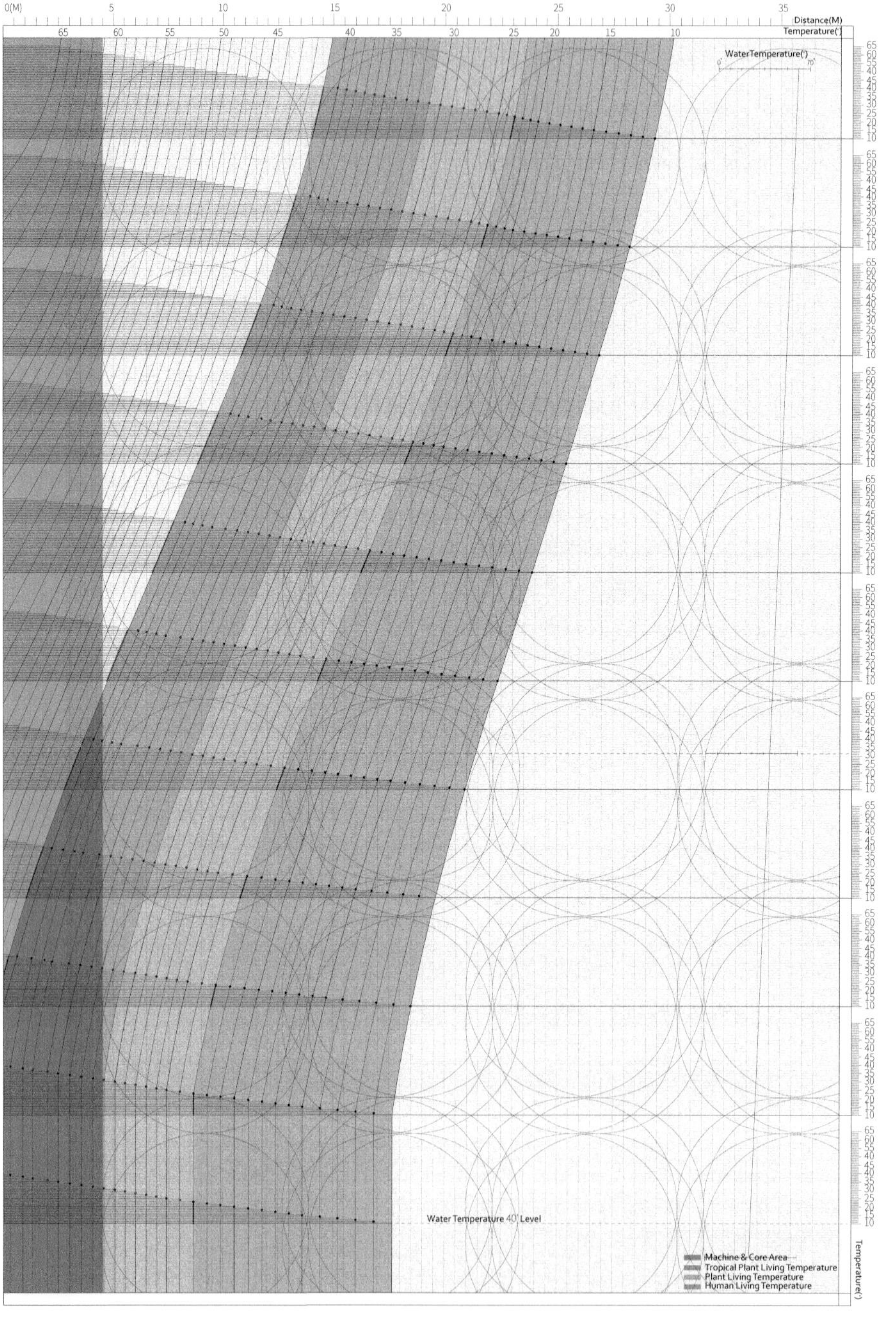
0(M)
5
10
15
20
25
30
35
Distance(M)
Temperature(°)
65
60
55
50
45
40
35
30
25
20
15
10
WaterTemperature(°)
Water Temperature 40° Level
Machine & Core Area
Tropical Plant Living Temperature
Plant Living Temperature
Human Living Temperature
Temperature(°)

Rethinking general idea of architecture

System making flow diagram

TEMPERATURE, PURIFYING, AREA
PROGRAM

Trying to give new value to the old tank through temperature classification by area. At this time, the old tanks separated by temperature-area are present as contaminated tanks that have not undergone any process, which means that their use depends not only on the temperature but also on the level of contamination of the tanks.

Pollution levels are largely divided into three stages, [primary purification (hazardous material)], [second purification (water purification), [third purification(air purification) and [purification] states, and three methods (A1) for non-purification, for finishing and using several stages of purification (A3), and for using the process of purification (A2).For example, use as a landfill and incineration plant (A1) without purification, use as a fish farm (A2) after completing secondary water purification (A2), and use both air purification and crop cultivation by growing plants in a barren environment during the third phase of air purification (A3).

This detailed chart of the uses shows information about what features and conditions each use can exist, what properties its use will change over time, and how it will change with the context and social needs of the site, and how it works before architectural proposals to select or shape the required use, as well as a map of the possibility that a left-over spherical tank could have a new life as something with a new use.

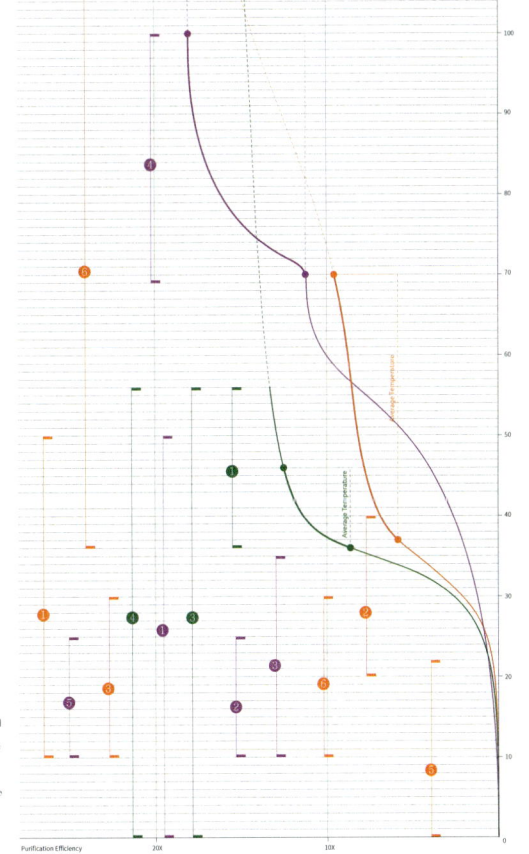

Chapter 0. 포트폴리오 _31

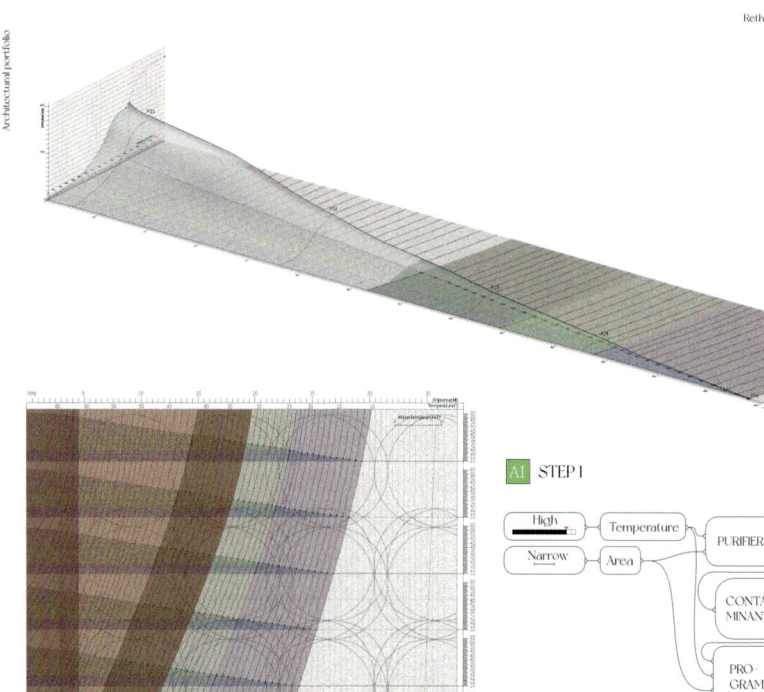

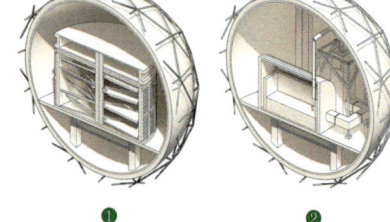

AI Program

PURIFICATION PART : 1

According to the indicator represented by the temperature X floor area graph of the two-dimensional plane. In the first stage of purification, temperature, purification volume, and floor area represent indicators that cannot be inhabited by living organisms, so it is proposed as an inanimate space, not for use by humans or plants.

It is proposed that pollutants and harmful substances inside the old tank can be used at the same time as purifying them. It is a high temperature caused by the purification of harmful substances and pollutants present inside. It will be used for incinerators, purification plants, material warehouses, and industrial waste disposal plants that are not affected by temperature and pollution.

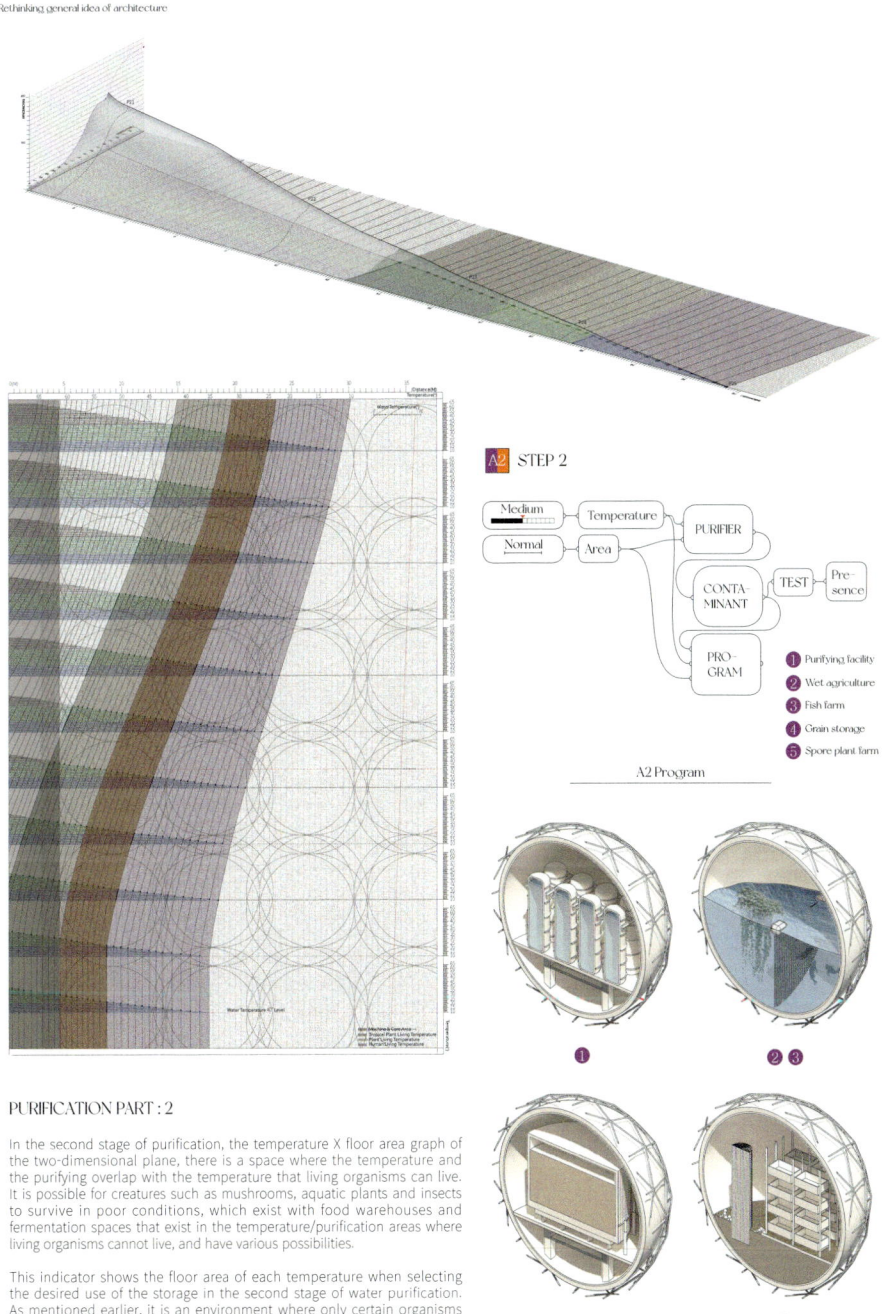

PURIFICATION PART : 2

In the second stage of purification, the temperature X floor area graph of the two-dimensional plane, there is a space where the temperature and the purifying overlap with the temperature that living organisms can live. It is possible for creatures such as mushrooms, aquatic plants and insects to survive in poor conditions, which exist with food warehouses and fermentation spaces that exist in the temperature/purification areas where living organisms cannot live, and have various possibilities.

This indicator shows the floor area of each temperature when selecting the desired use of the storage in the second stage of water purification. As mentioned earlier, it is an environment where only certain organisms can live, so it exists as a place where aquatic plants, mushroom farms, and underground plants grow, and other non-living spaces are used for storage, burial, and purification facilities.

Chapter 0. 포트폴리오 _33

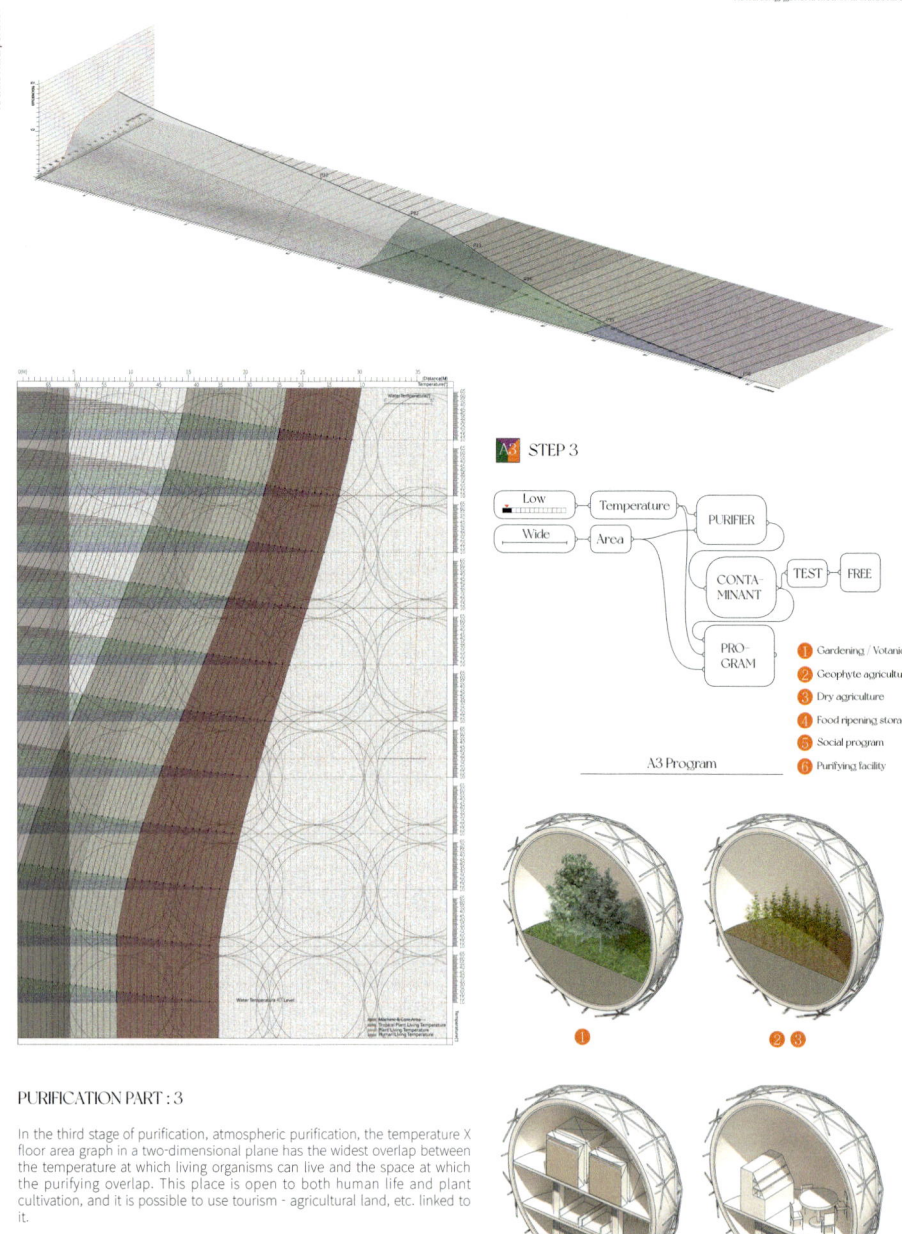

PURIFICATION PART : 3

In the third stage of purification, atmospheric purification, the temperature X floor area graph in a two-dimensional plane has the widest overlap between the temperature at which living organisms can live and the space at which the purifying overlap. This place is open to both human life and plant cultivation, and it is possible to use tourism - agricultural land, etc. linked to it.

This indicator is used to indicate the appropriate floor area for each temperature when selecting the desired use of the storage in the phase 3 atmospheric purification. Compared to the previous purification phase, it is possible to grow a variety of organisms or choose a wide range of uses because they are available to humans.

34_ 건축 포트폴리오 표현 기법

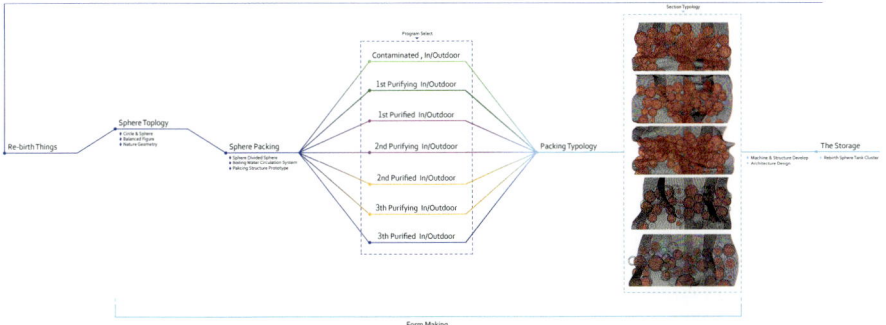

Form making flow diagram

Sphere, Balance, Structure
Sphere packing structure

After selecting the type of program through temperature, purification, and proximity to the ambient air, we are going to talk about how the combination of spherical tanks should create an architectural space and how it should be shaped.

The first methodology is Topology, which analyzes the mathematical formation and features of objects, examines the properties of spheres, and the space and structural and morphological possibilities of a combination of spheres to produce a stable basic model. This basic model follows the principle of a tight packing structure of spheres.

Subsequently, they are transformed according to the selected types and separated into several forms, which can appear as variants of the preceding use graph. A collection of spheres repel each other and find a stable form. The empty space created at this time is not included in the building floor area, but the empty space created by filling up the circle according to the purpose of the temperature graph is re-attached to the left and right sides to transform the shape. This list of modified forms is classified in a second methodology, Typology, which only survives architectural potential types, and then creates a whole form as a collection of surviving types.

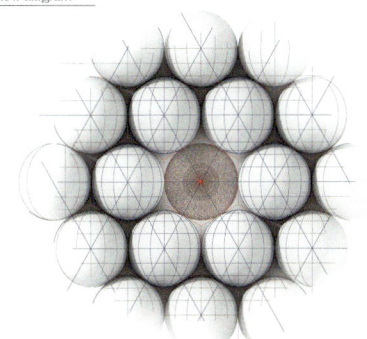

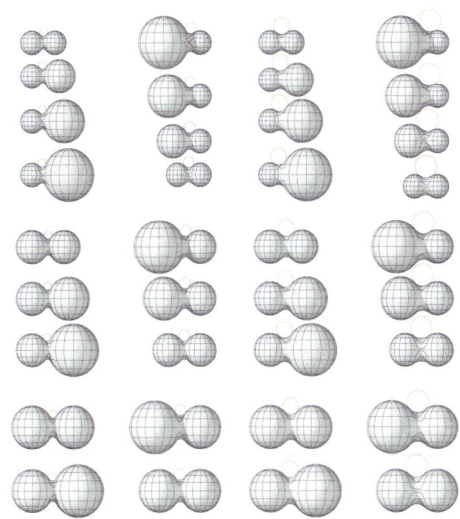

Rethinking general idea of architecture

① Sphere void : Core
② Sphere connection : Blend circulation
③ Sphere void : Flat slab

The top three spheres where the coolant is stored, and the pipes through which the heated coolant is transferred to the bottom are located in the void of the spheres, and the vertical copper lines of the building are placed around the top three spheres. This is in the form of a cylinder, which is connected with the surrounding sphere and dot by the methodologies of packing, and if necessary, the movement line is created using the methodology of water circulation diagram.

Circle packing diagram

Rethinking general idea of architecture

In the top three spheres, the heated water travels to the bottom, generating an electric current, and moving back to the top using some of the generated current. At this time, it is moved through three types of pipes. The length of travel distance and radius are inversely proportional to the temperature, so the temperature transferred for each type of pipe and its purpose are different.

Pipes distributed at the thinnest and shortest distances are suitable for use in tropical botanical gardens, and the pipes themselves are bent to serve as support for plants. The second thin, normal distance distributed pipe has a botanical garden or temperature suitable for animals to operate. The third pipe is the widest and most distant pipe, providing the most comfortable temperature for humans to act on.

These pipes are also mixed through the connections and provide the appropriate temperature for each application.

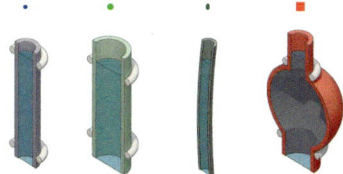

Thin & Linear   Thick & Linear   Thin & Curved   Connection

Water circulation diagram

Chapter 0. 포트폴리오 _37

Rethinking general idea of architecture

Packing algorithms

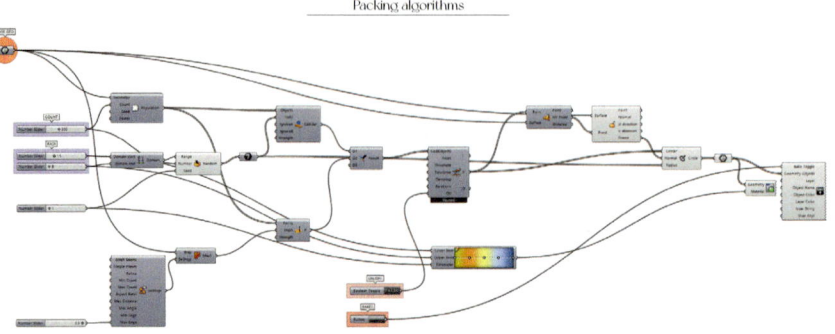

Deformed graph

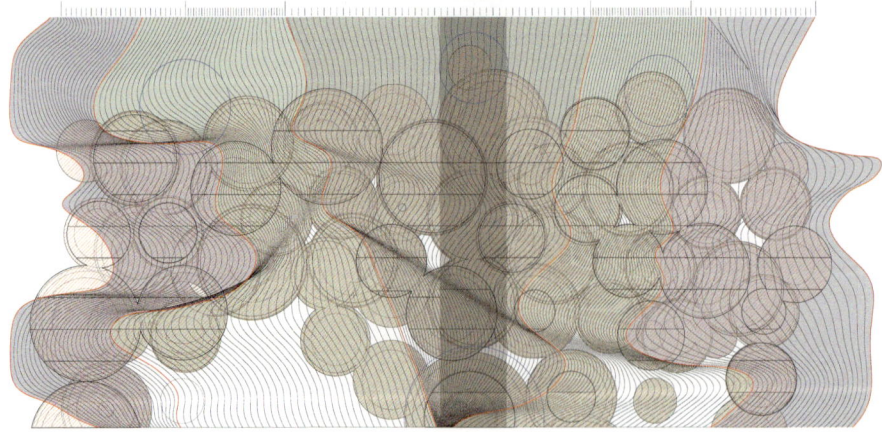

38_ 건축 포트폴리오 표현 기법

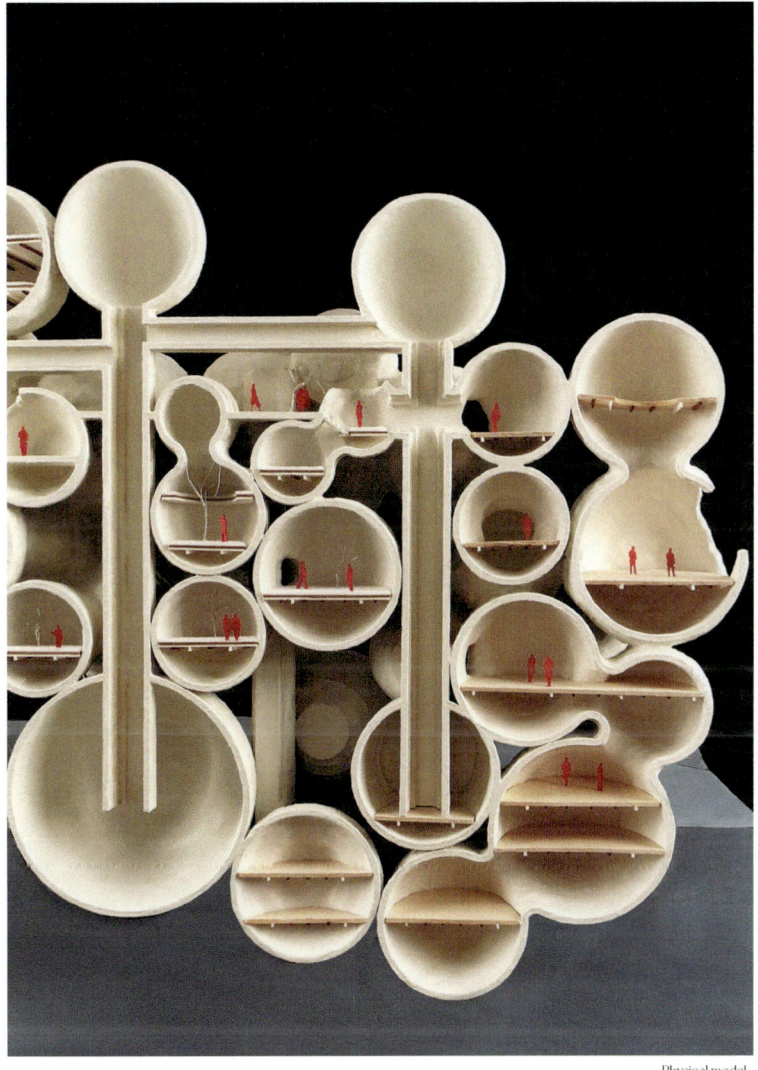

Physical model
Gymsum & Clay
Acrylic & Cardboard

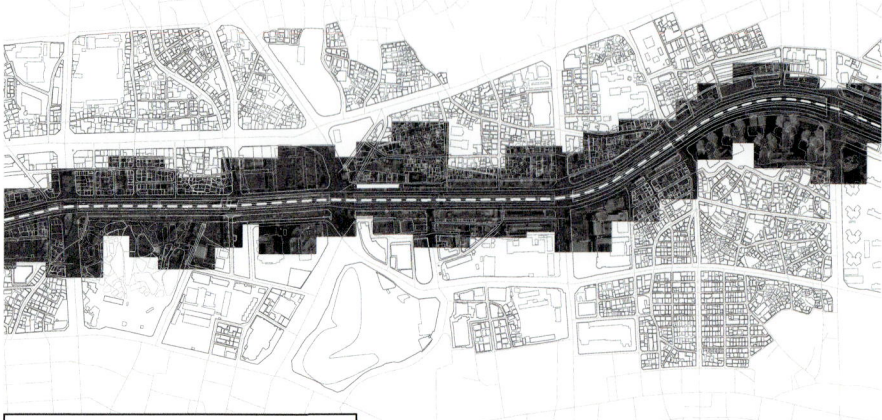

RETHINKING OF - CONTEXT

The modern city has changed its appearance over a long period of time. Business with economic and social issues created a big physical change in the city center, and the natural environment created by the accumulation of time changed the city's view depending on the season. Today, there are not only numerous physical elements, but also non-material networks. As such, modern cities consist of a finite system and an infinite combination of objects, and people use cities according to their own rules and usage, gathering, and scattering.

Cheonggyecheon is one of the most changed places in Seoul. Much has changed the physical appearance from the natural past to unpaved roads, overpasses, and artificial streams, and the people and the natural environment in them have changed their appearance small but fast. In these changes, architecture has only existed as it is, and has not shown any reaction or change, and has been defined only by the nature of objects brought by people or the shopping malls that have moved in. In other words, in the midst of numerous changes, architecture only exists as a framework for action.

The Shoe Shopping Mall in the target area, which has existed since the 60s and has undergone all the previous changes. Currently, retail workers in the shoes industry use buildings, and in the early morning they transport shoes, in the afternoon they sell shoes to citizens walking on the riverside, and in the early evening they close their doors. When the door is closed, it becomes a space for citizens walking on the riverside to pass through, or it acts as an entrance to the shoe store alley.

In this ever-changing context, architecture should serve as a catalyst for mixing this finite but infinite combination of contexts, not just a framework. This alone cannot exist, it must be deeply rooted in context and present as a continuation and combination of contexts.

Rethinking general idea of architecture

Site_photo collage

Mixable Contexts

Cheonggyecheon-
RIVERSIDE

Riversidewalk, which runs along Cheonggyecheon, has existed as a place where many people gather and pass by from the past. Cheonggyecheon layer, a public space for families, lovers, and cyclists. The Cheonggyecheon Stream was built into the building, and sometimes the riversidewalk was elevated to create a slab and indoor space for the building. This constructed building naturally attracts people walking on the side of the river to the interior of the building, providing various spaces for them.

Exist-
NATURE

The dense forests along the celestial side seem to remain the same, but they used to change their clothes and bloom as the seasons changed, and people always offered different experiences. This is the most organic, yet difficult for one to feel the change, and nature is perceived by indirect communication with people.

The nature of Cheonggyecheon Stream was to be spread inside the building in a space where numerous people walking along the side of the building, merchants and buyers of Dongdaemun Alley Road met, so that merchants could experience new things and those walking on the side of the river could face the scenery again.

Dongdaemun-
ALLEY

Dongdaemun Shoe Shop has long been a place where numerous wholesale and retail merchants trade shoes and sell them to visitors. There is a busy business district here where wholesale retailers carry goods from early morning and various visitors buy shoes in the afternoon. The commercial alleyway is not organically connected to Cheonggyecheon Stream, so it does not have the experience of walking through nature in purchased shoes or taking a walk through nature before entering the city center.

In the form of topographical architecture in which roads along the public river and commercial alleys enter the building respectively, the building was intended to serve as a catalyst for mixing the two floors and their uses.

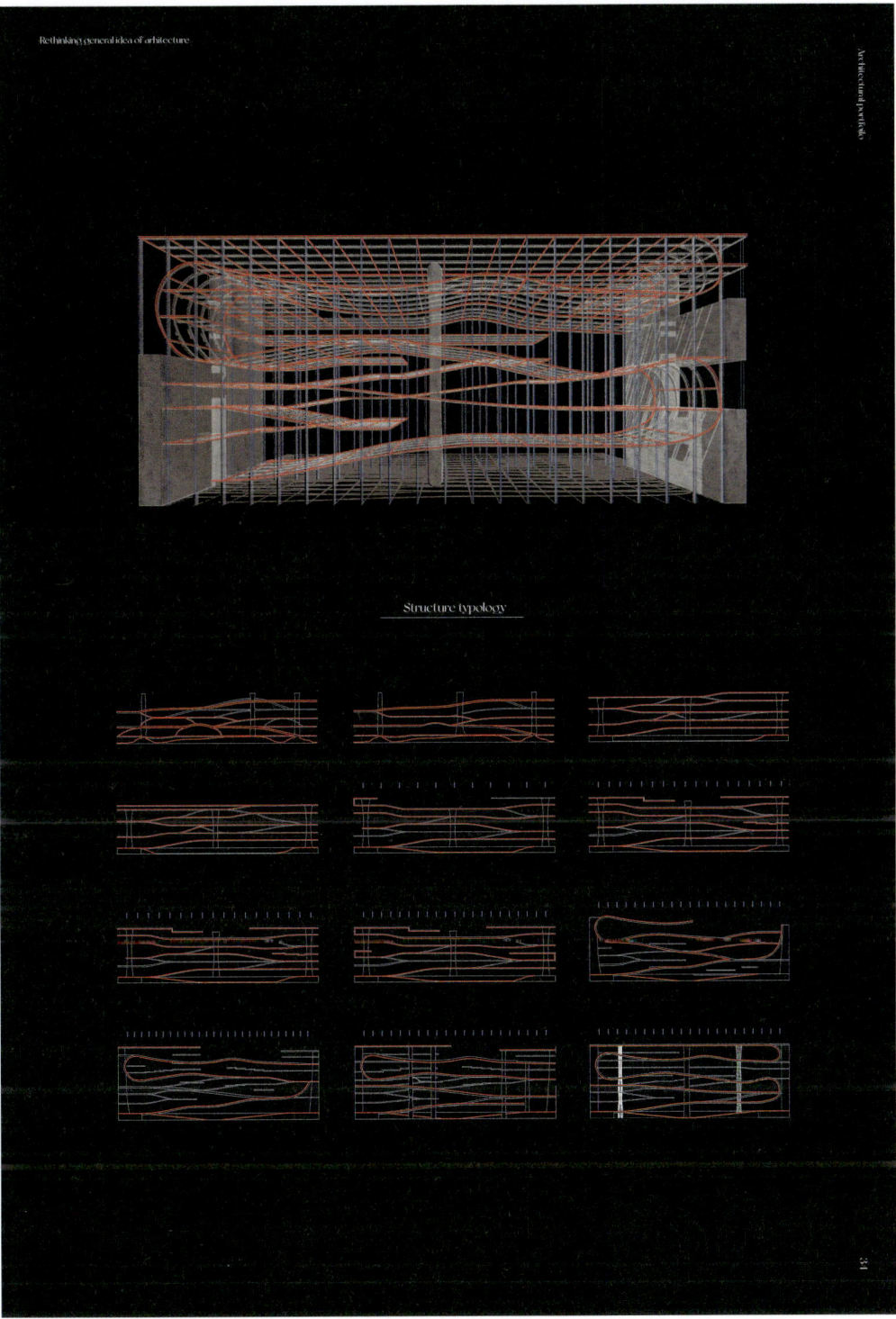

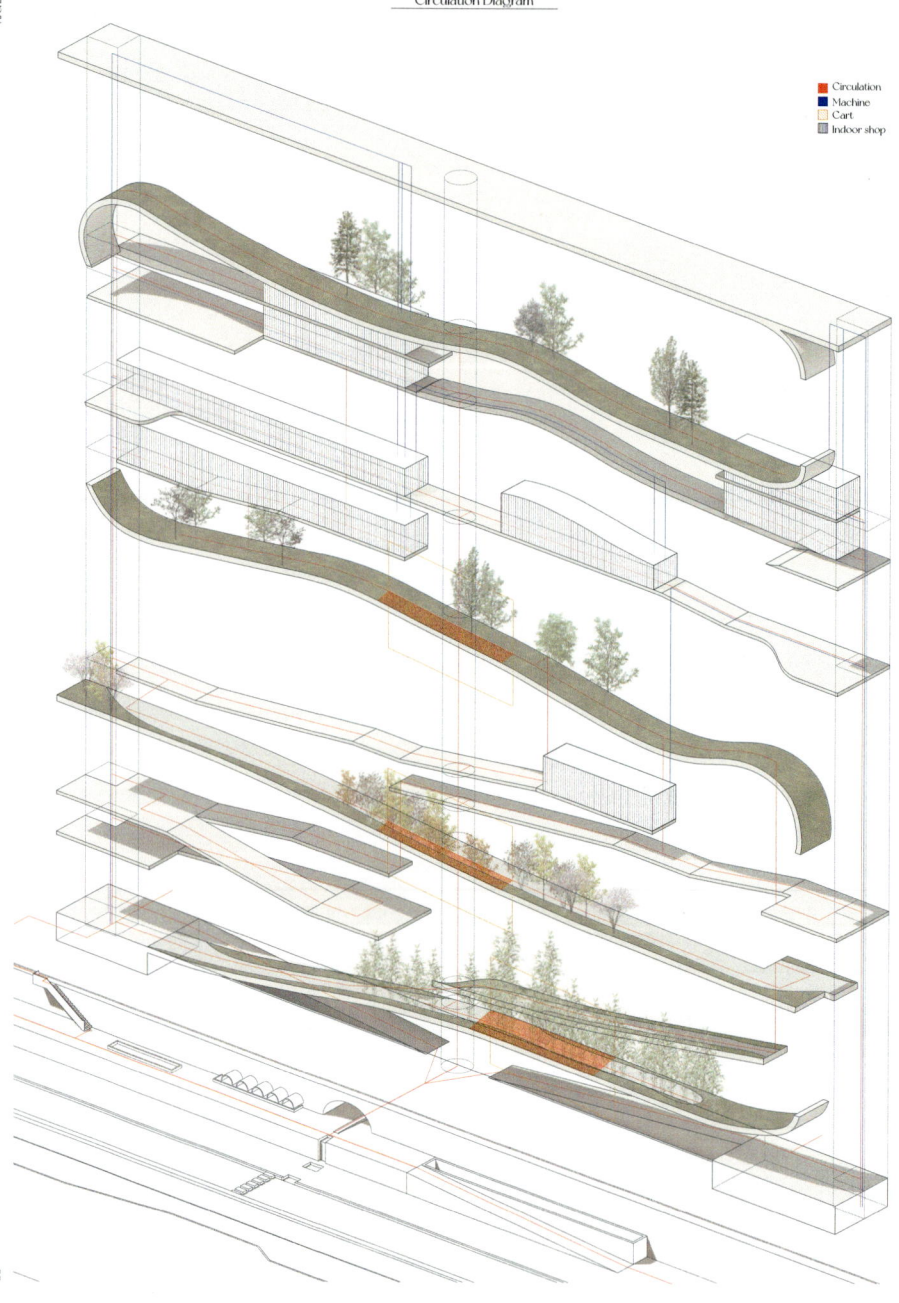

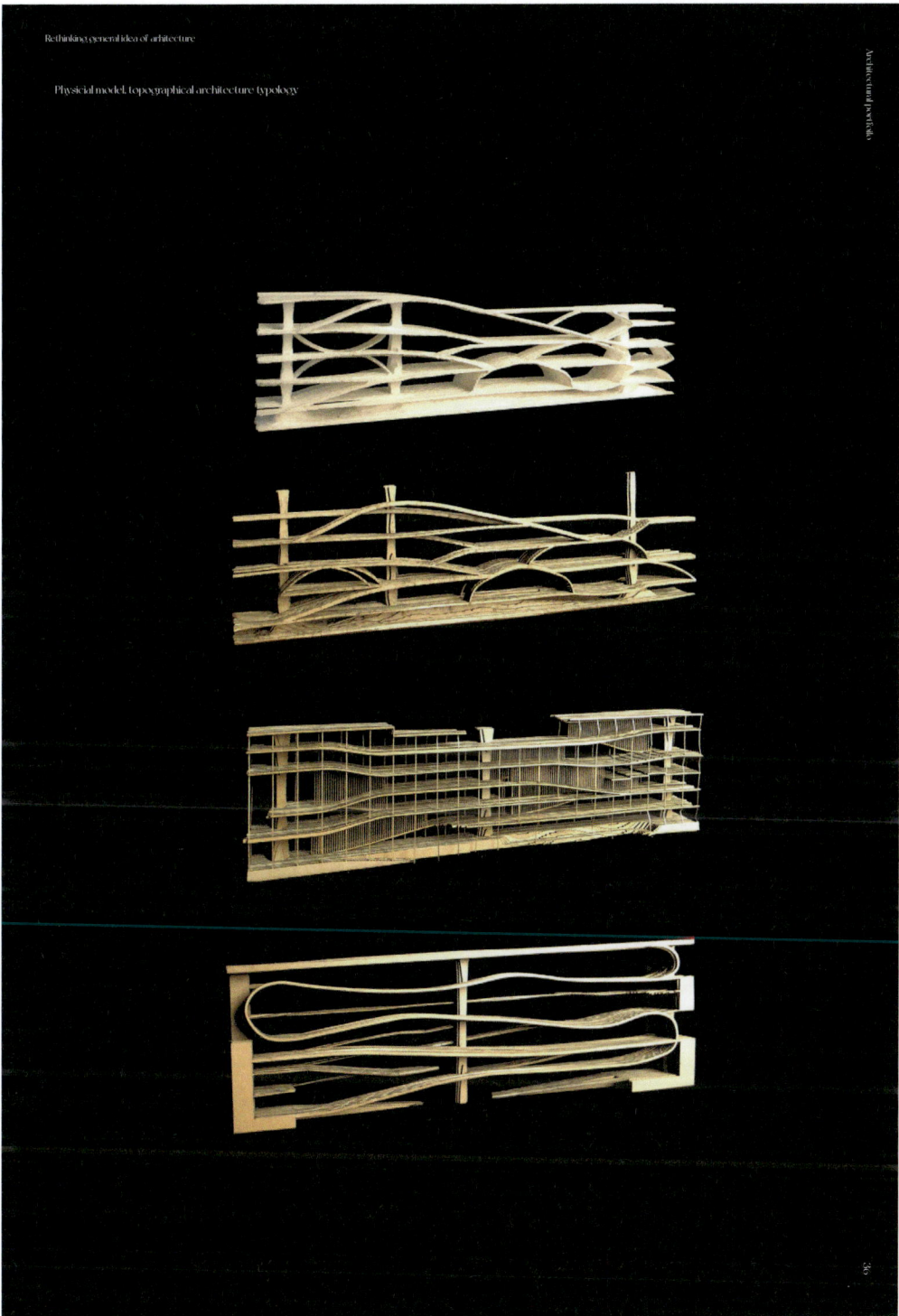

This building, which is not built by reading the context, but by continuing and expanding the context itself, is constructed by the continuation and convergence of Cheonggyecheon-byeon-gil and Dongdaemun.

The two types of slab make up the building independently, and pile up layer by layers. This slab was created by a combination of skyfront topography, commercial use, and user characteristics, and where two types of slab meet, events of mixing two layers occur.

Riverside Slab acts as a public street, a heavenly beach, and a promenade, which is maximized by meeting Commercial Slab, where shoe stores and social programs exist. People who bought new shoes can feel the emotions they feel while walking along the sky vertically, and people on the upper floor can relax, eat, or use cafes.

In a way that forms the exterior of the building, the Commercial Slab, which exists on the north side of the building, makes the interior of the building from transparent glass, and the shops exist in translucent polycarbonate boxes. In the case of Riverside Slabs present in the South, wood lubbers exist outside, partly to create semi-external space, closed and opened according to time and weather.

Rethinking general idea of architecture

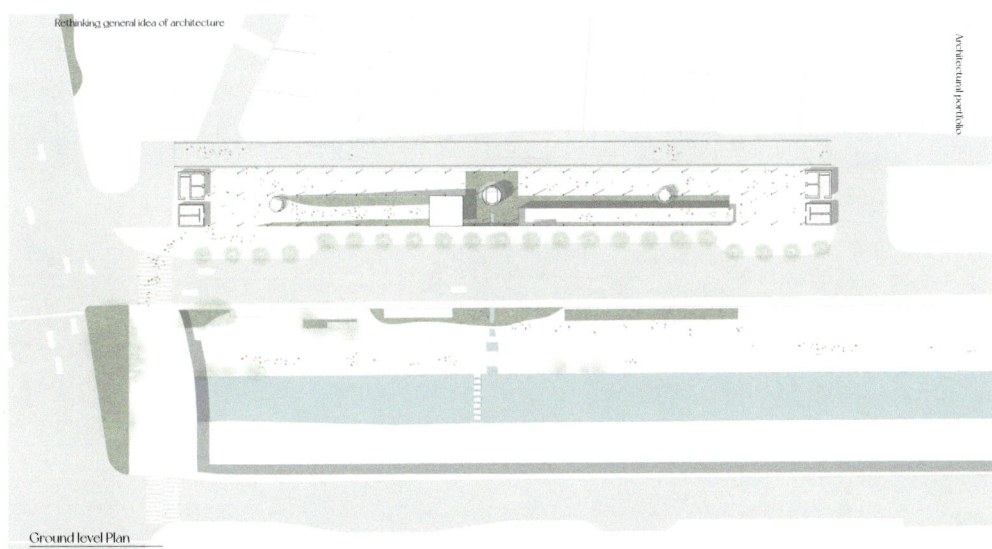

Ground level Plan

Buildings formed by layers of nature, alleys, and riversides, each floor clearly represents a layer-specific use. Pathes formed with natural layers combine various landscaping and natural objects, giving people a feeling of walking in the park even if they are in the building, and are formed adjacent to the alley layer, providing a new experience for those who use the alleyway commercial area.

Pathes made up of alleyways restore the existing shoe stores in Dongdaemun, allowing visitors to walk in new shoes through various passes in the building.

The Cheonbyeon layer is designed to allow people to naturally enter the building, which not only fulfills the existing purpose of walking along the Cheonbyeon, but also allows them to experience the commercial area and the wide nature.

These pathes can also be crossed or transformed into different passes, where events such as night markets, food trucks, sculpture exhibitions, and workshops for making shoes occur, giving users the opportunity to experience all the different contexts of Dongdaemun.

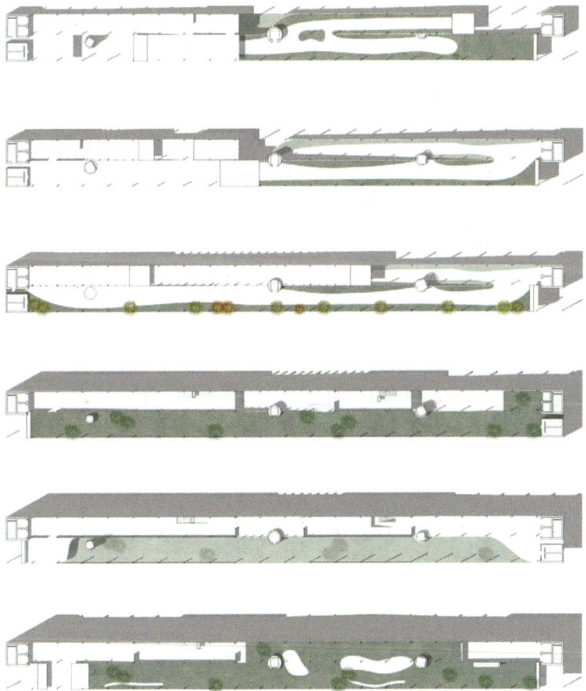

Chapter 0. 포트폴리오 _55

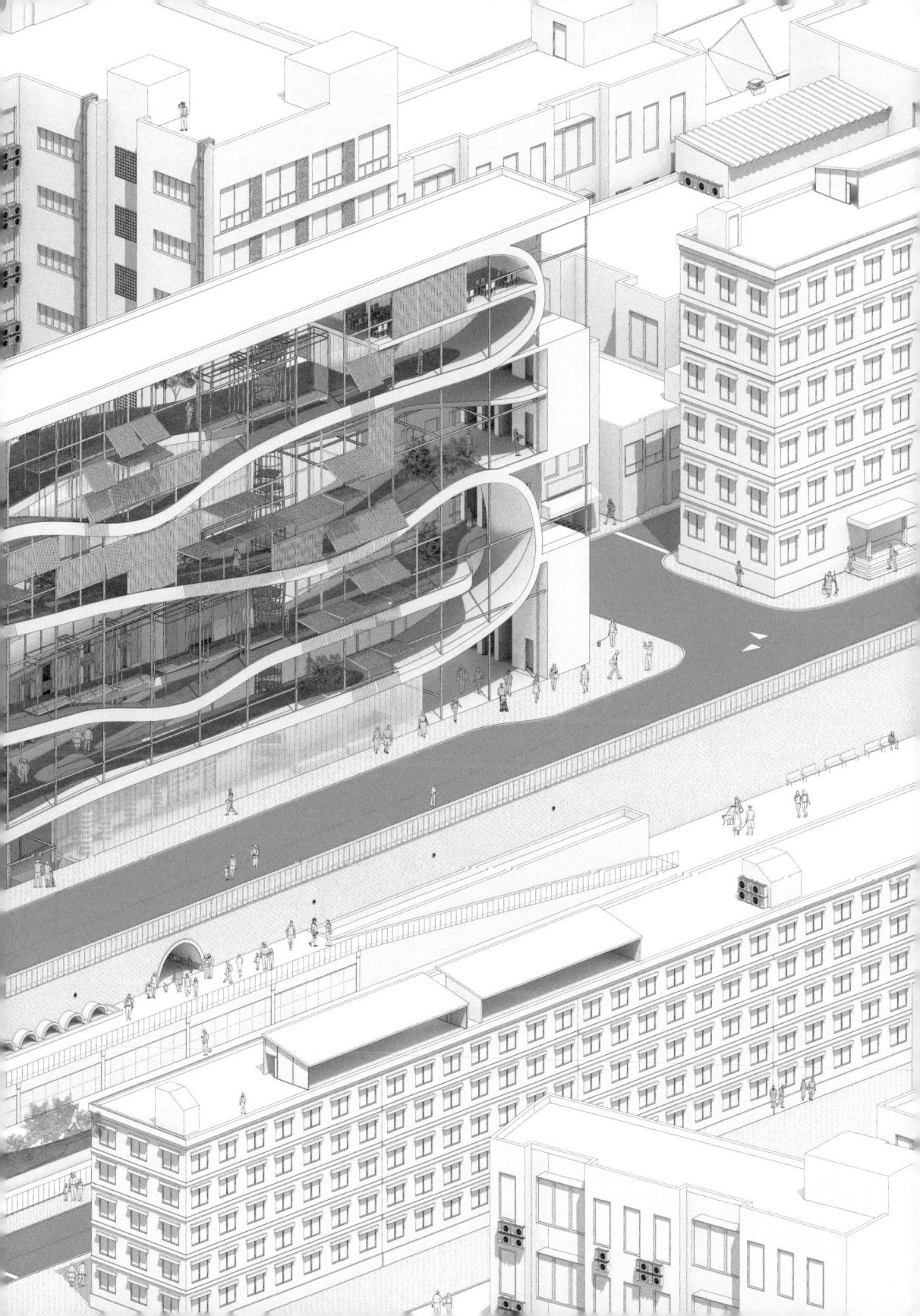

RETHINKING OF -
INEVITABLE SPACE

The cities of the past grew up horizontally. What about now?

Development gradually increased the height of the city in limited land. The densely-rising city created a plate for use in the sky, and the roofs and rooftops of the buildings were placed further away in the sky. As such, the city grew vertically and gradually lost public spaces such as alleys and yards, which were horizontal spaces, but these spaces are being re-established in spaces that were ironically "reborn."

Perhaps because it was not easy to see, or because of lack of space, the roof in the sky became a simple private space for residents who did not want to be exposed or who felt sorry for the limitations of the interior space. These acts gradually became a place where the lives of the people were buried over time, and were often implemented in the form of laundry lines, small gardens, and jangdokdae hanging from a water tank.

Cheoin-gu, Yongin, shows a rather slow pace of growth after the relocation of the central function, with an average of four-story tall buildings combining market and residential functions. There is a special element called light rail here, and if you look at Cheoin-gu on a light rail that moves higher than a regular ground train, you can easily see the numerous acts and small elements of the roof of the building.

In this project, by identifying the small acts that occur under the roof, called the Fifth Elevation, and making architectural suggestions accordingly, we are going to propose a new method of vertical expansion and a site of roof height beyond a saturated and complex ground floor to put the existing city in a small city decorated with citizens' lives.

Block section

rethinking general idea of architecture

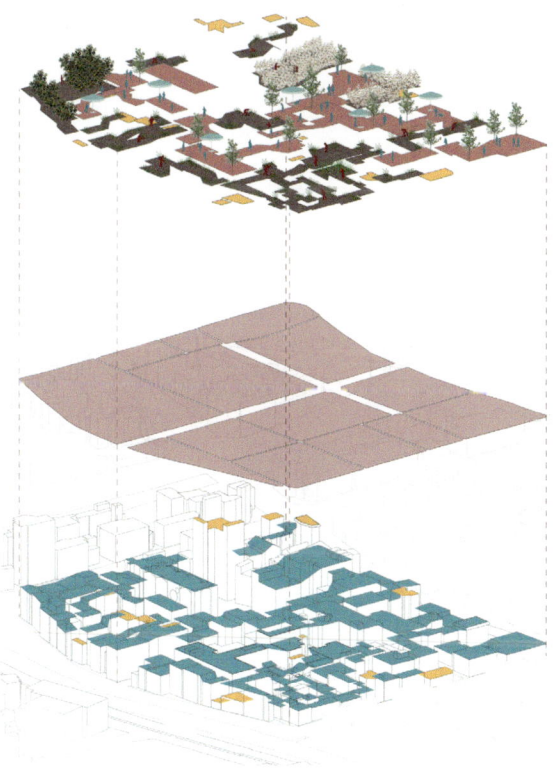

New block

Chapter 0. 포트폴리오 _61

Roof : the

ifferences between
the rooftop plan?

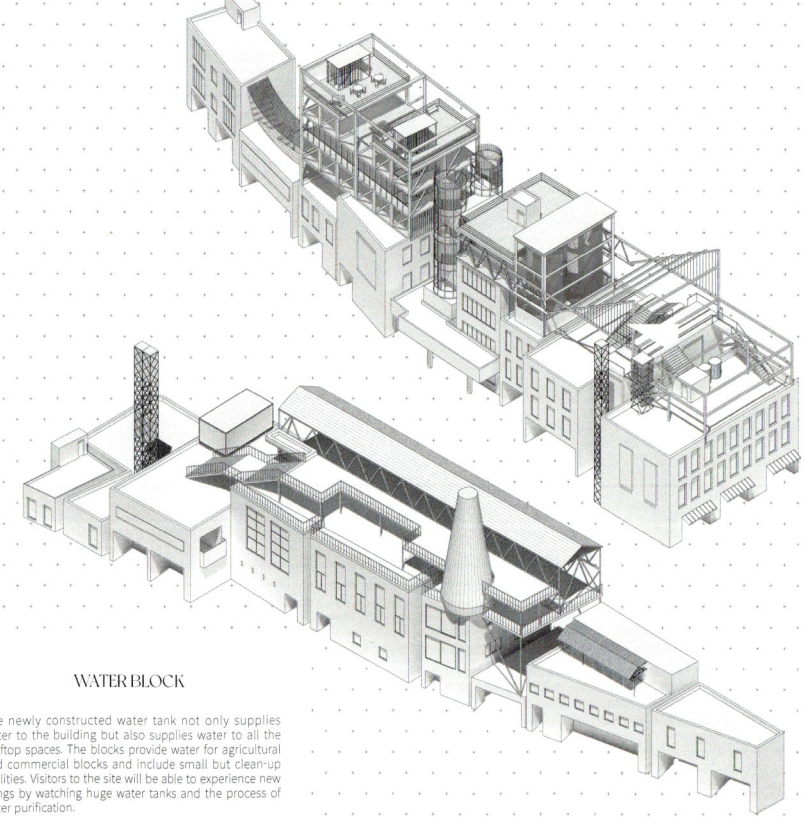

WATER BLOCK

The newly constructed water tank not only supplies water to the building but also supplies water to all the rooftop spaces. The blocks provide water for agricultural and commercial blocks and include small but clean-up facilities. Visitors to the site will be able to experience new things by watching huge water tanks and the process of water purification.

Rethinking general idea of architecture

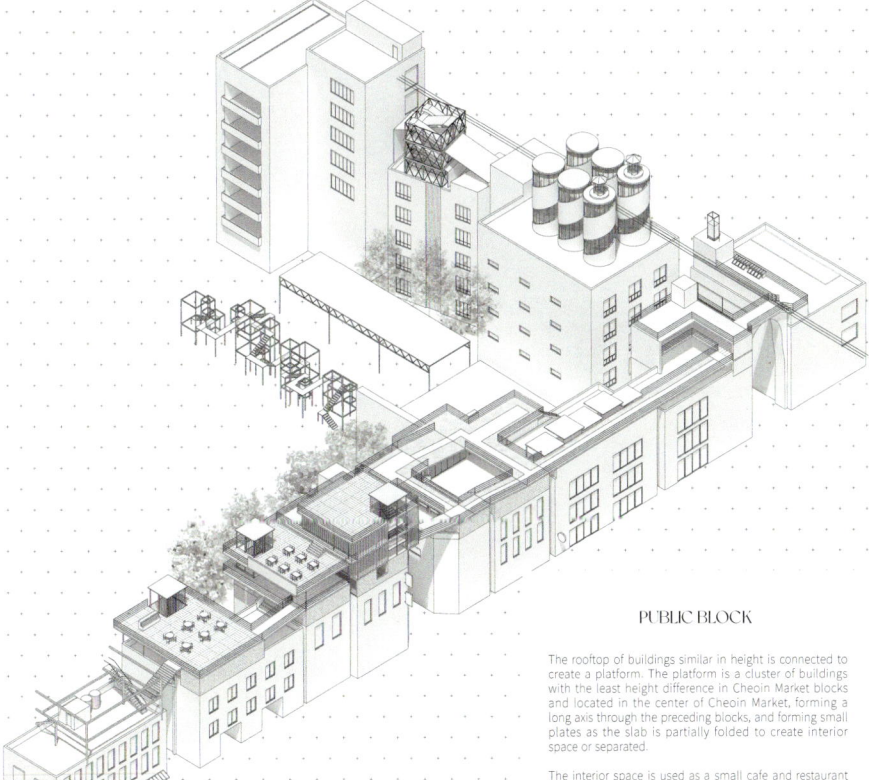

PUBLIC BLOCK

The rooftop of buildings similar in height is connected to create a platform. The platform is a cluster of buildings with the least height difference in Cheoin Market blocks and located in the center of Cheoin Market, forming a long axis through the preceding blocks, and forming small plates as the slab is partially folded to create interior space or separated.

The interior space is used as a small cafe and restaurant for residents and visitors.

NATURE BLOCK

Various plants are planted in a small space between the rooftop and the building to create a new sense of space for visitors. Visitors will be able to have a new experience by making eye contact with the leaves, flowers and berries of the tree in the rooftop space, not at the level of the ground's eye.

It was also intended to create a peaceful and quiet atmosphere in nature, which is completely different from the complex urban area and the ground, by installing structures for various lumps and birds.

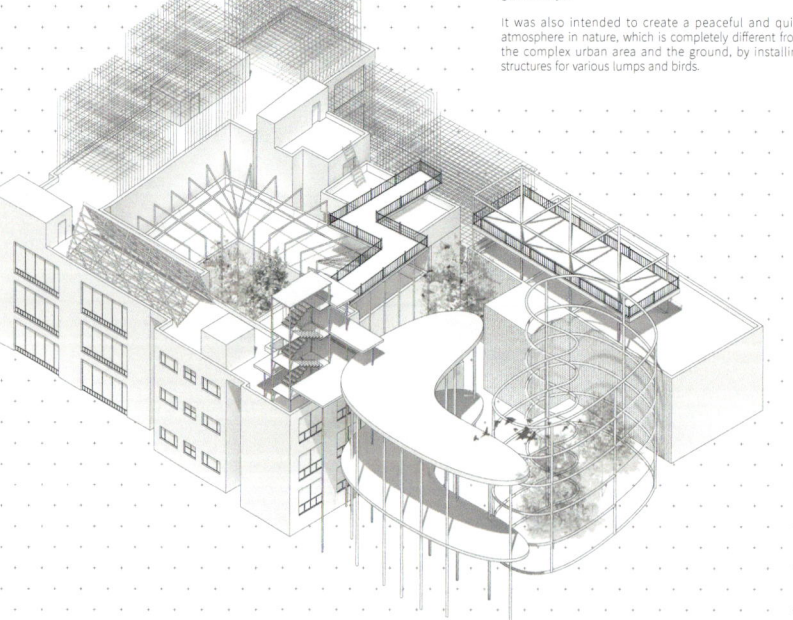

SOCIAL BLOCK

Various crops and structures are formed on the rooftops of small buildings. Visitors can cross the rooftop to grow various crops, and experience cooking or education using them in the indoorr space. The social block provides family-level weekend farms or agricultural experiences with children.

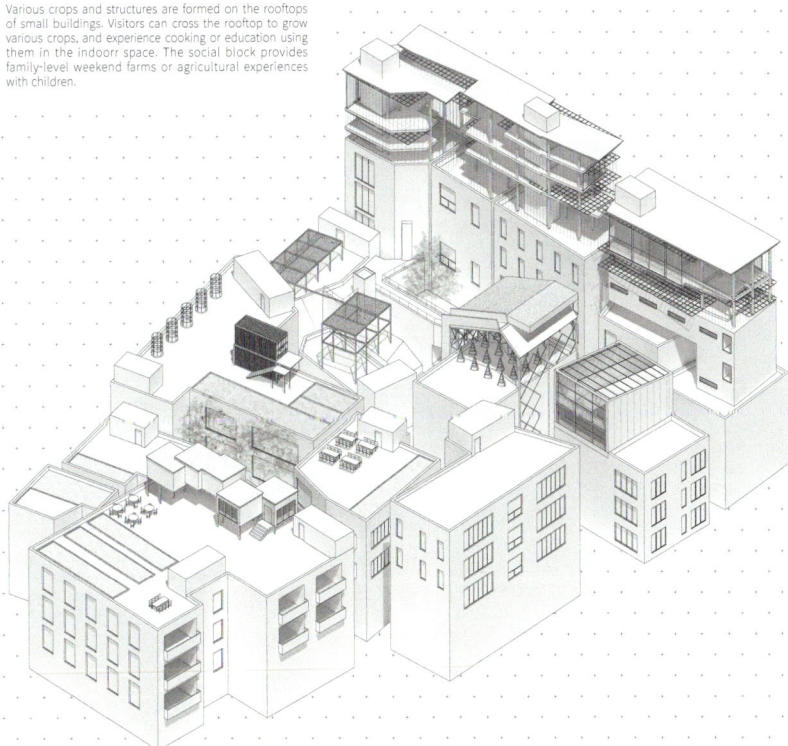

Roofscape

[RE]volution

Rethinking life of architecture
2017,06-12
Individual project
Academic
Incheon, pier 8
Republic of Korea

RETHINKING - LIFE OF ARCHITECTURE

The development of boundless technology without regard to finite resources and land has eventually reached a reality that is not embodied by the remnants left behind. Now, the material implementation of the new element has to solve countless problems, and the life and sustainability of this element have become the most important issue of debate.

From a semi-permanent perspective, architecture is now getting old and out of function. The loss and demolition of the architecture, which boasted the largest size among material implementations, created a large area of idle space and numerous wastes. Architecture, material implementation, should react to existing objects and environments, and achieve constant variations for survival.

Although the environment, users, and their desired uses have been constantly changing since the past industrial era, existing buildings have been easily abandoned and disappeared because they have maintained only one form and use without changing. This is a stark difference from living organisms that have constantly responded to the environment, mutated and survived, and now architecture has also adapted to a modern society that changes rapidly through a new way of transformation, such as a living organism, and has reached an era in which must have to sustainable evolution.

This project is a remodeling project that recreates old warehouses in Incheon Pier 8 into buildings with new functions, closely analyzing the differences between the living and the living organisms that have constantly changed and failed to do so in the surrounding environment, and talking about how architecture can have a semi-permanent life.

Incheon Pier 8 has a large number of classes, including factory complexes and industrial workers, newly formed residential complexes and citizens, tourist complexes and tourists distributed starting from Wolmido Island, foreigners and Chinese peddlers flowing into the port. Since the frequency of visits varies from time to time, they should exist for complex purposes for different classes, which vary from time to time, rather than being remodeled only for one class.

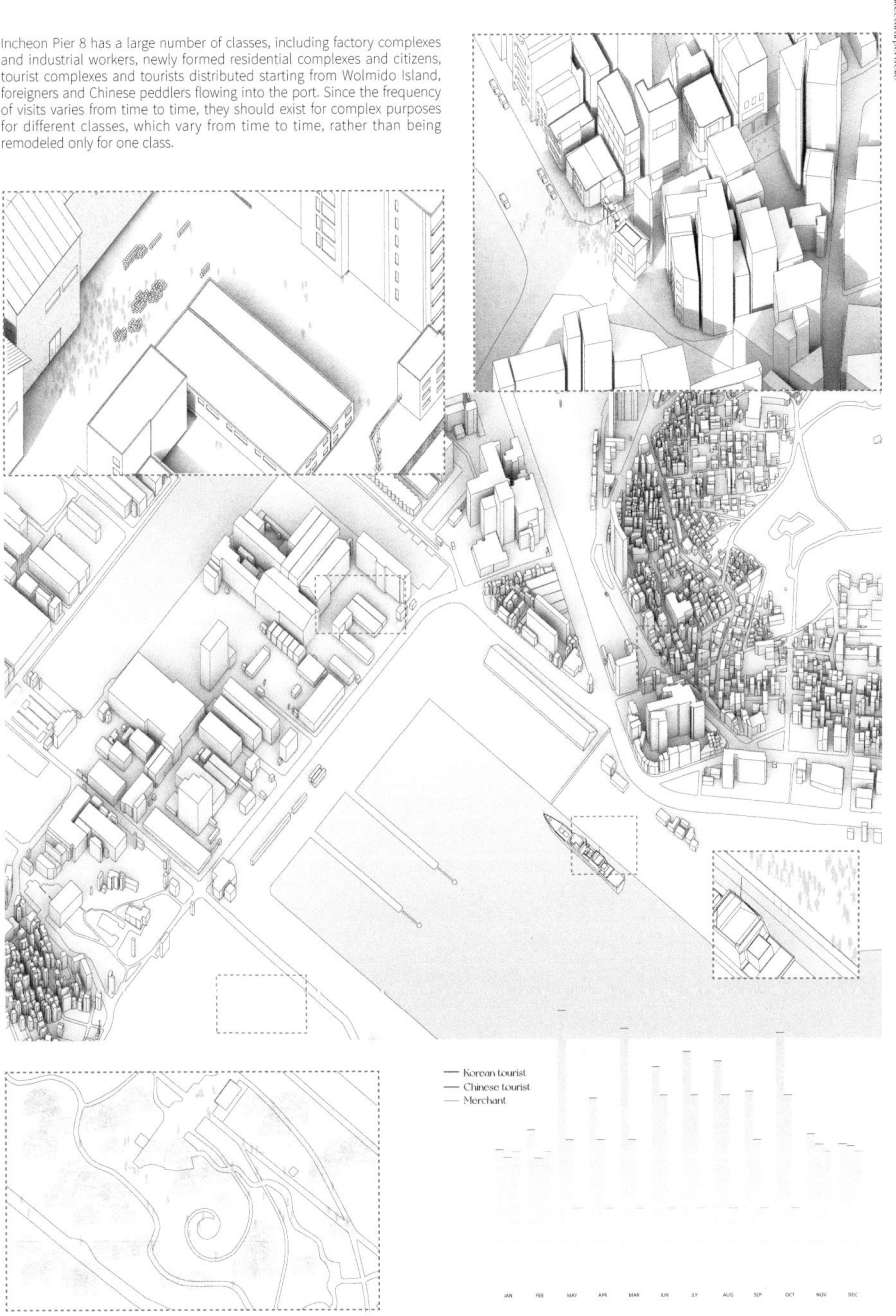

— Korean tourist
— Chinese tourist
— Merchant

Chapter 0. 포트폴리오 _75

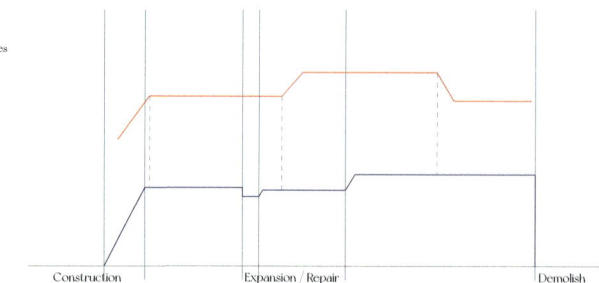

Form changed graph: Building

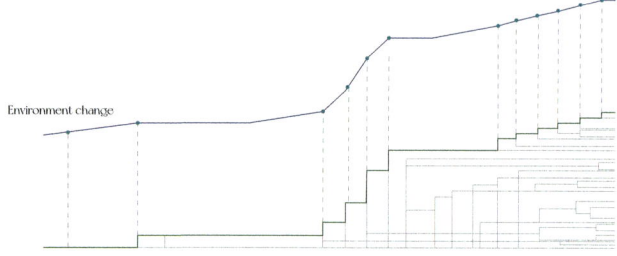

Form changed graph: Creature

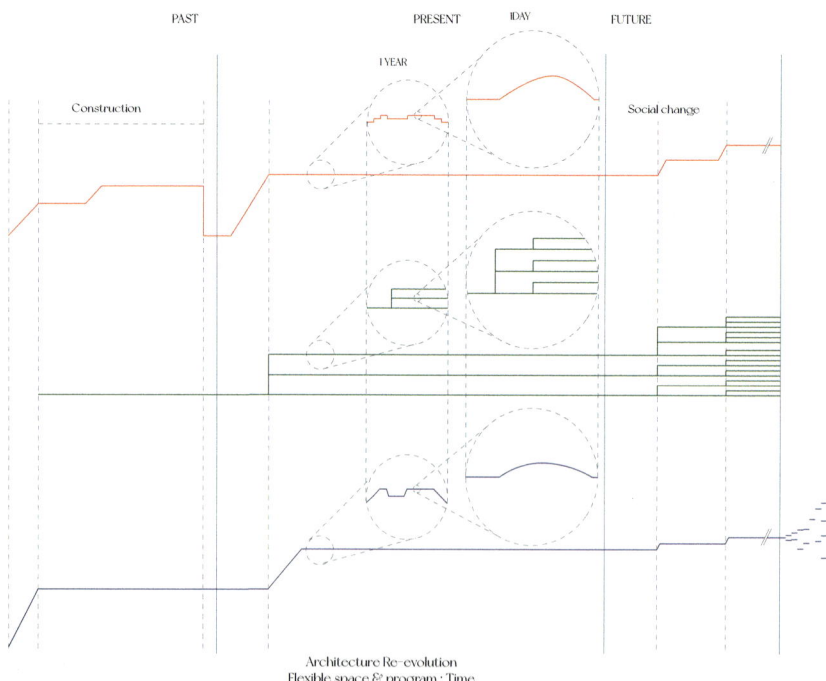

Architecture Re-evolution
Flexible space & program : Time

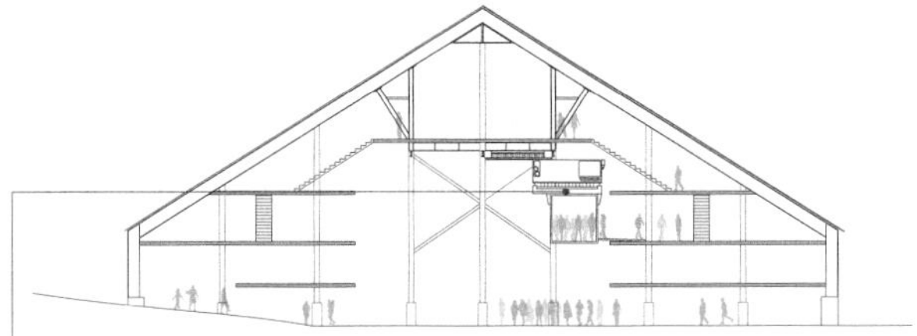

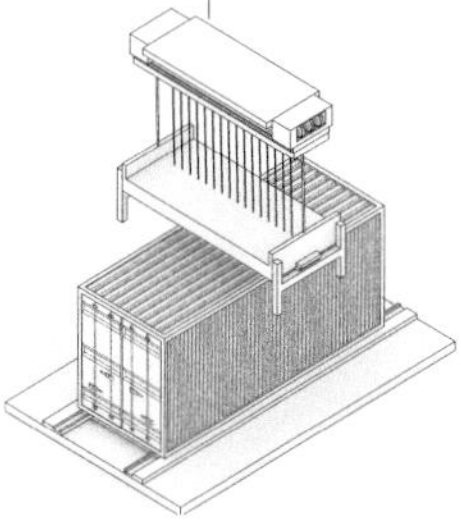

Rethinking general idea of architecture

Container movement system

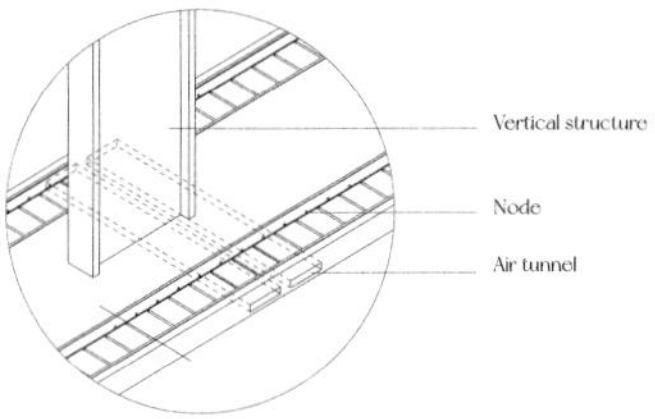

Vertical structure
Node
Air tunnel

Rail detail

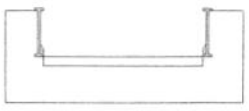

Rail section

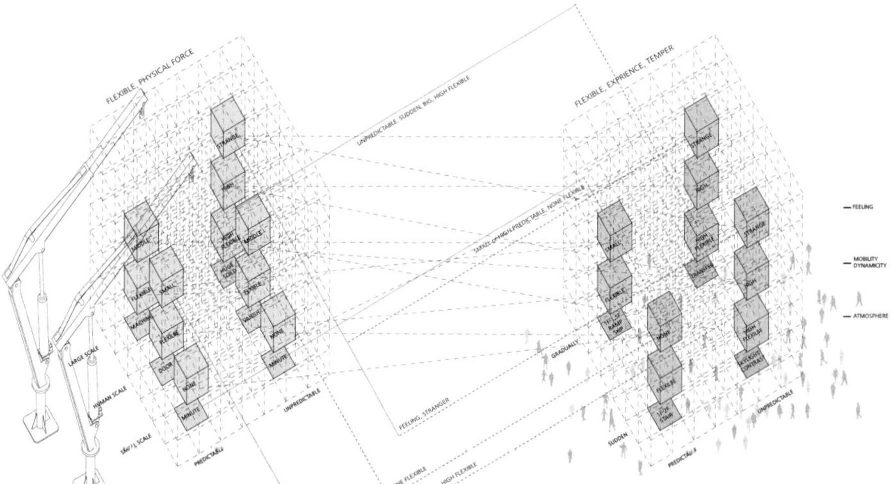

In order to create changes in the use, form, and radical physical changes of buildings over time, it was in the warehouse.
Construct a building using a huge crane and container box, a temporary yet flexible building element.

Container boxes move horizontally along the rails installed at the bottom of the building and move around the outside of the building, sometimes hanging from the crane inside the building and moving vertically as well.

This moving container works as a small capsule hotel for factory workers, Chinese merchants and tourists, sometimes stacked or lined up in a row to capture various programs.

And, tried to predict the space and spatiality that motion could produce by responding to the physical changes in containers and the changes in users' spatiality according to the degree of such changes. Depending on the strength of the movement, containers can make small gaps, closed rooms, and small bumps for people, and the inside of the container can be used as elevators, stepping stones, as well as rooms.

Chapter 0. 포트폴리오 _77

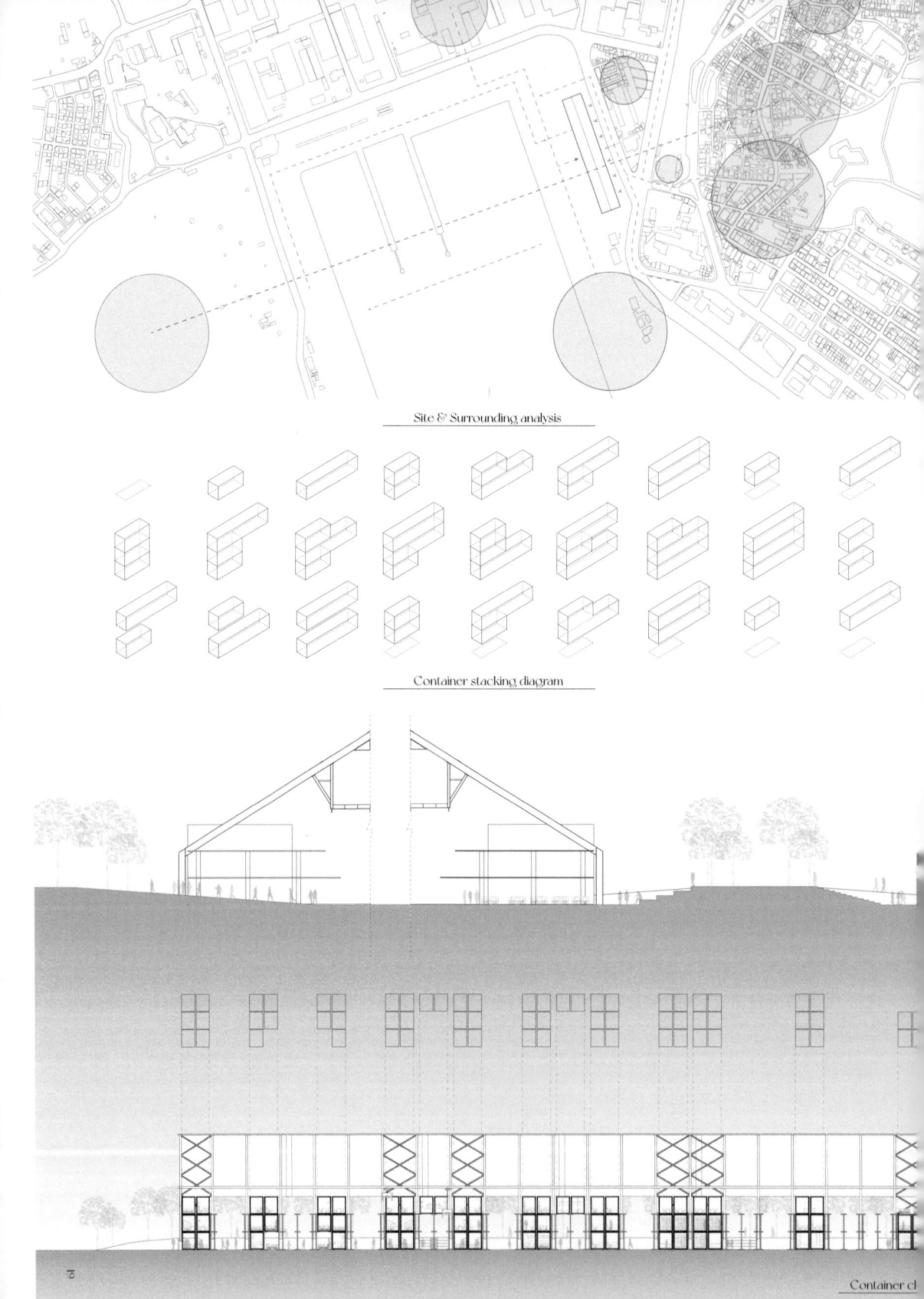

Rethinking general idea of architecture

In order to create changes in the use, form, and radical physical changes of buildings over time, it was in the warehouse. Construct a building using a huge crane and container box, a temporary yet flexible building element.

Container boxes move horizontally along the rails installed at the bottom of the building and move around the outside of the building, sometimes hanging from the crane inside the building and moving vertically as well. This moving container works as a small capsule hotel for factory workers, Chinese merchants and tourists, sometimes stacked or lined up in a row to capture various programs.

Define each TYPE, noting that container box stacked, array and can create numerous spaces.

The first variable is the container box that blocks or opens a certain part of the space, suggesting a change in direction, and defining the space by comparing the area available to people on the first floor. Also, the depth of the space depends on how the space is created, so the depth of the space when stack and array are compared-terace, where rectangular modules are stacked and made naturally, defines the characteristics of private, public according to location, layer height and opening.

Secondly, we place container in more ways, noting the node of rail and the forms that arise according to its form. The gaps and spaces that appear according to node can give people a different sense of space, and sometimes turn into terraces depending on their size. The movement of containers sometimes changes people's position energy, can be a means of transportation, and space on terraces, ceilings, etc. is variable. It makes it exist. It extends to the green area at the back and naturally transports people from high places to the second floor of the building. cluster, where these forms are assembled, is complex and irregular, but has each advantage and is most common and natural to the user.

Container cluster diagram

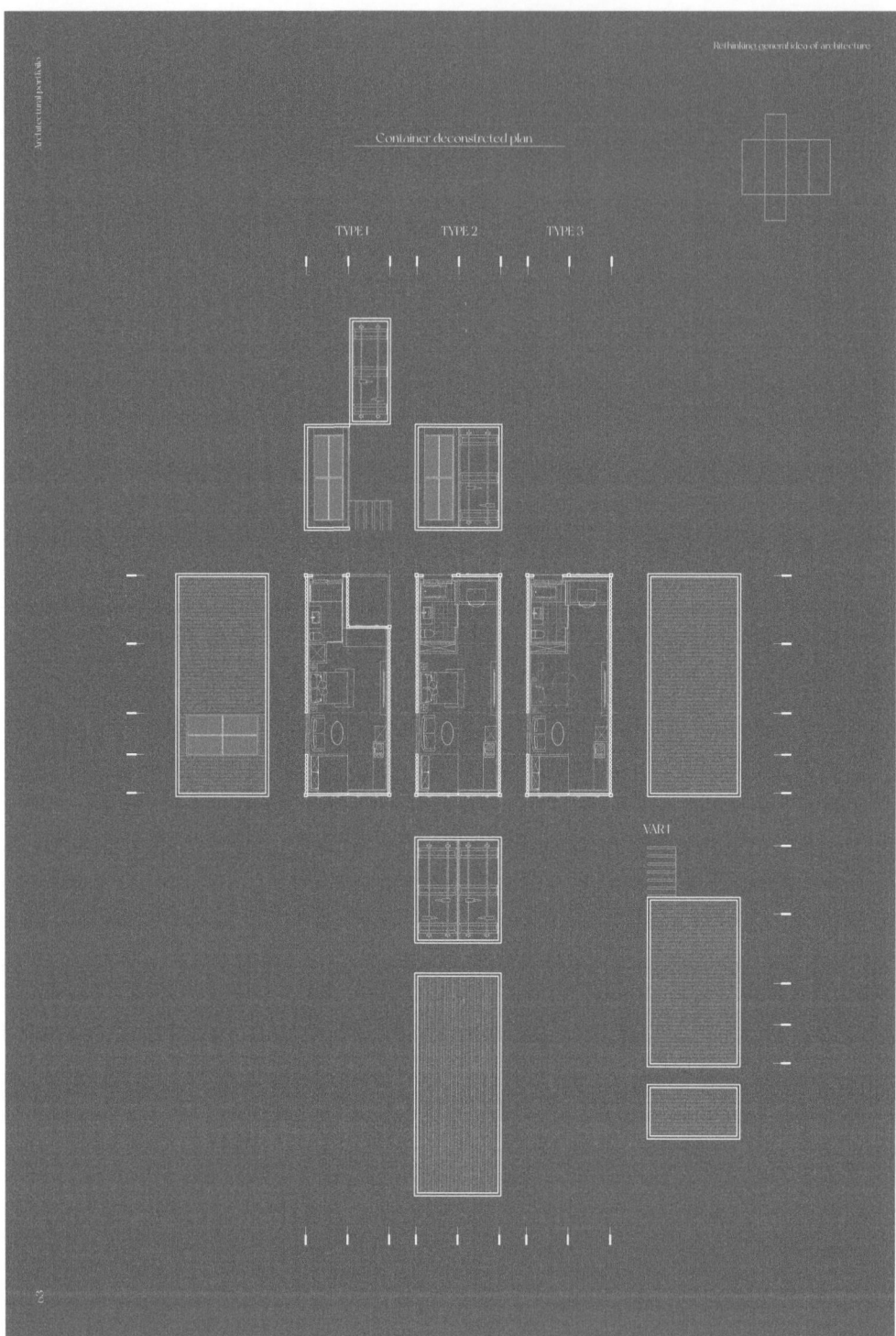

:thinking general idea of architecture

Physical model
Acrylic & Cardboard

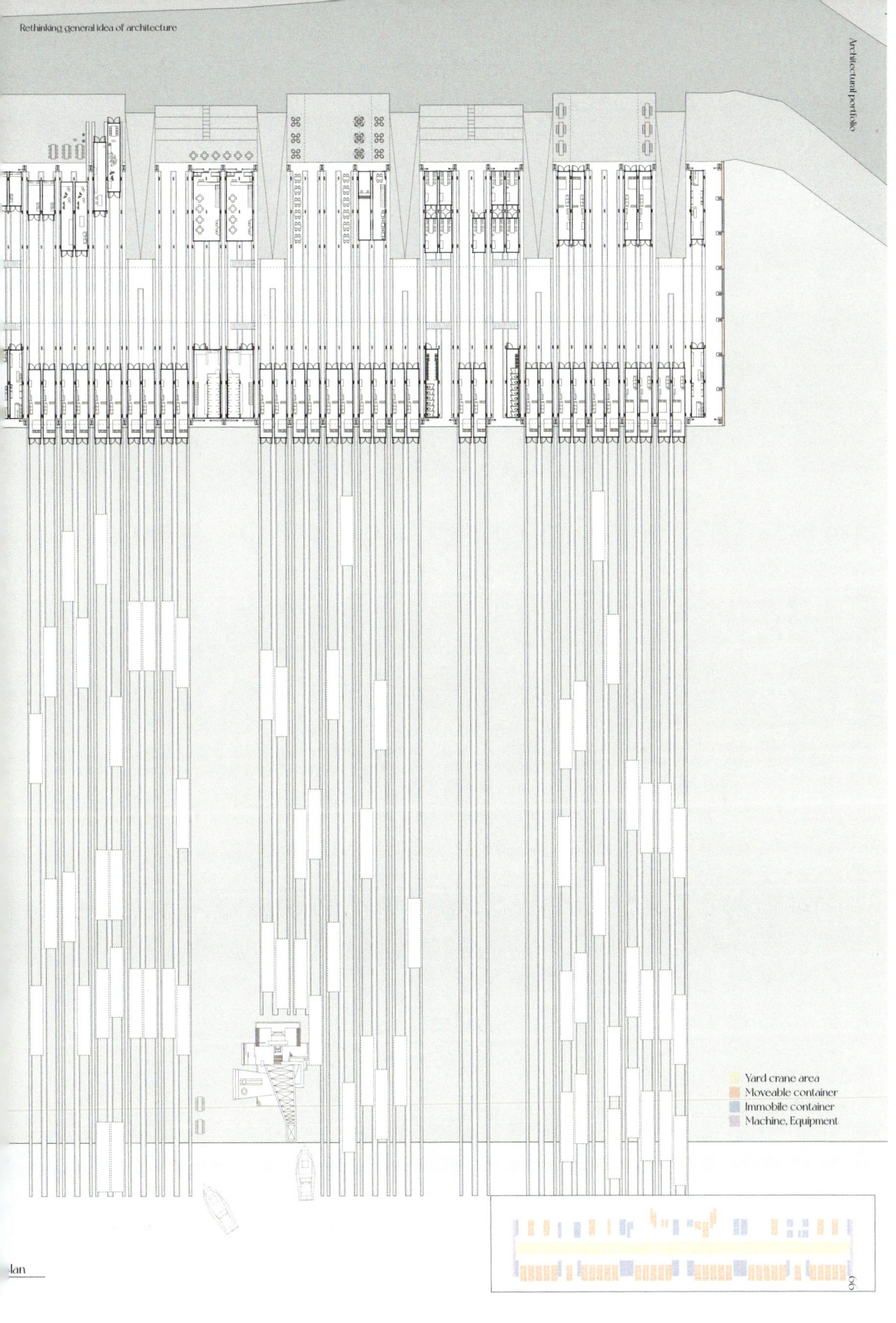

Architectural portfolio

Exploded diagram

Rethinking general idea of architecture

1. Main structure(remained)
2. Bracing(remained)
3. Yardcrane rail(remained)
4. 3F Indoor container rail
5. 2F Indoor container rail
6. Vertical structure for rail
7. 1F outdoor container rail
8. Bracing(remained)

84_ 건축 포트폴리오 표현 기법

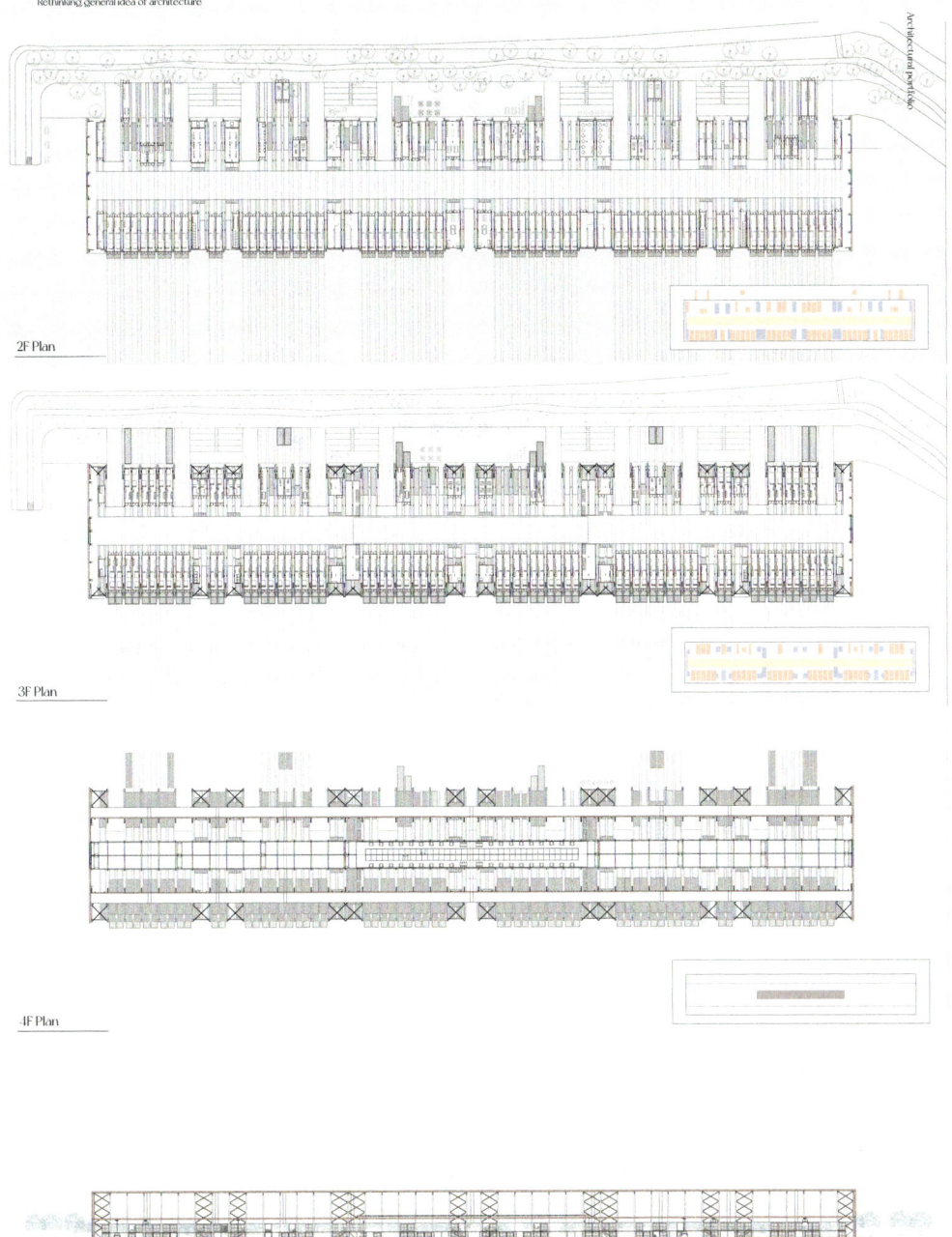

2F Plan

3F Plan

4F Plan

Logitudinal Section

Chapter 0. 포트폴리오 _85

RE TH

General Id

201
Selec

2

NKING

of Context

)21
Vorks

Rethinking general idea of context

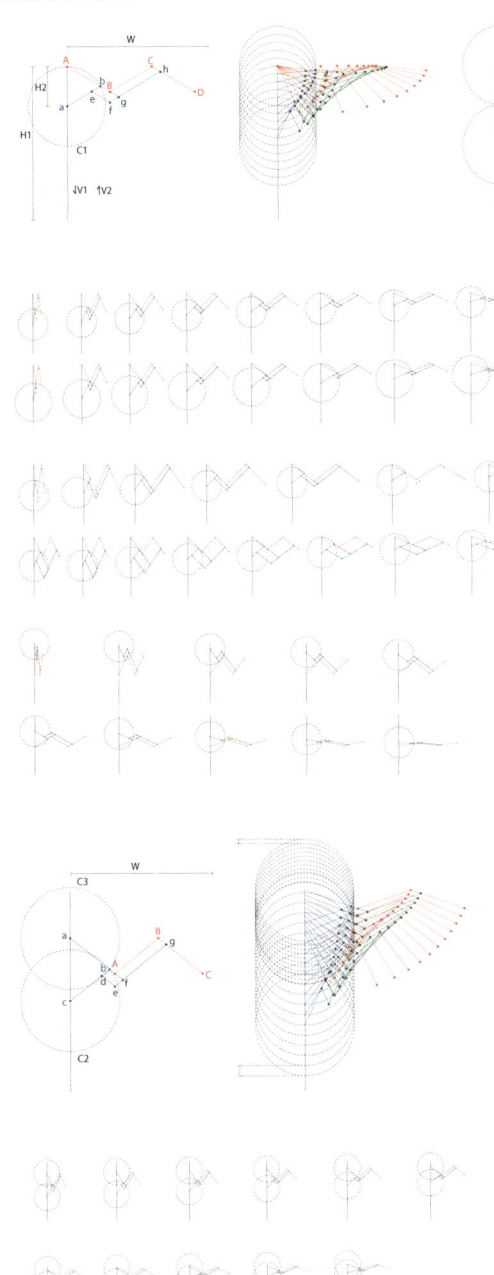

RETHINKING OF -
Urban activitys

Urban Umbrella is an unusual giant umbrella pavilion reconstructed on an urban scale using the usual umbrella's movement mechanism.

The giant umbrella is folded and unfolded repeatedly by human sitting on the bench at the bottom of the umbrella, a variant of the way people fold and bloom themselves. The person sitting on the bench is matched by a single weight, spreading wide when many people are seated and providing shade in a large space. In other words, the simple act of sitting and standing on a chair is the Trigger interest of folding an umbrella, the beginning of a play, and is also the biggest move to create a practical resting place.

This moving pavilion enables shape-shifting and subsequent space experiences through interaction with the user, and can create dramatic visual effects by movement and deformation. It contains various activities of various users using the surrounding area and is expected to act as an Attraction Point in the city center where new forms of use may be discovered at the same time.

Umbrella Pavilion is a routine platform that enables regular activities such as play, relaxation, and providing shade space, and can be used as a temporary event space such as gathering for various purposes and stage for small-scale performances.

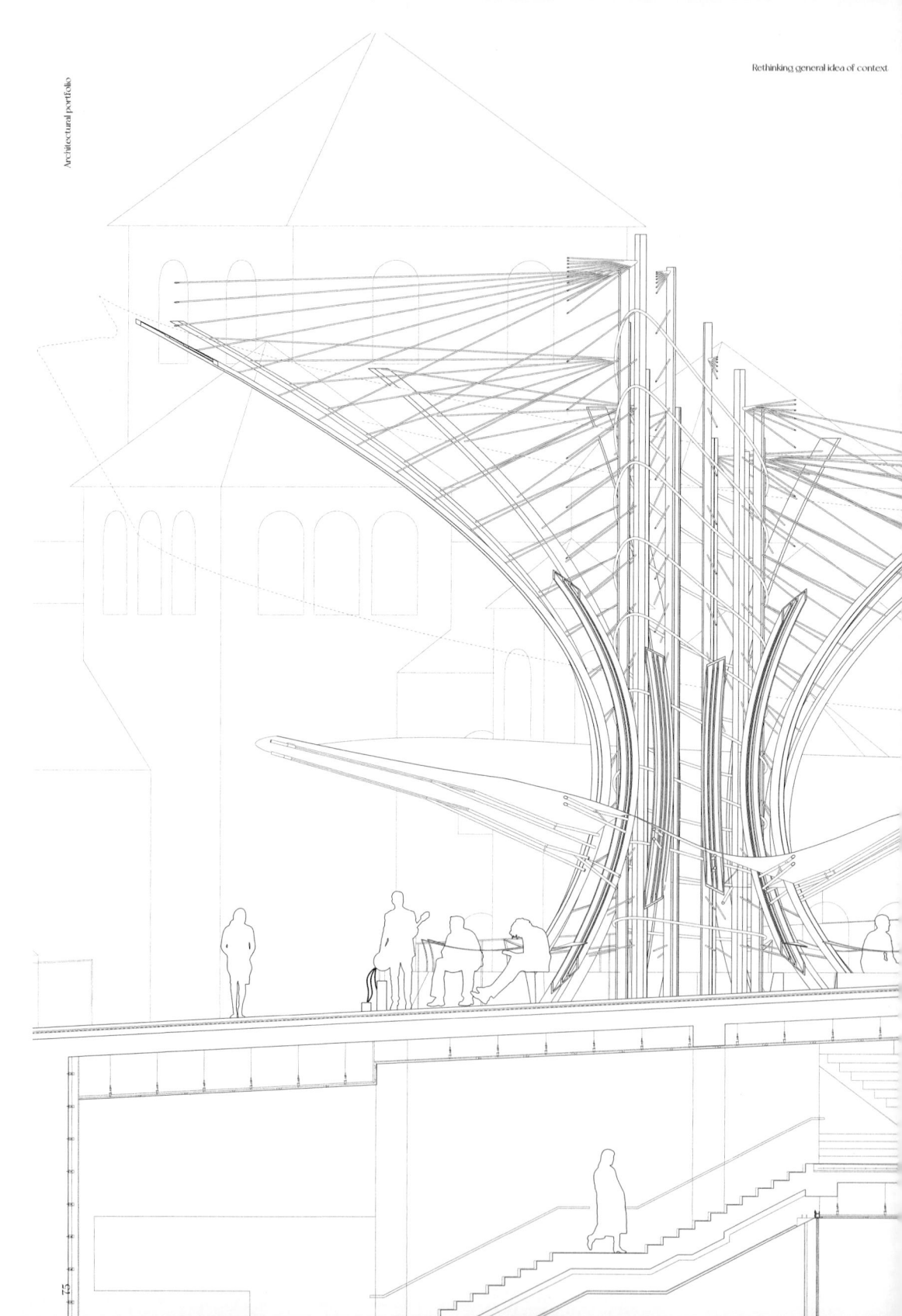

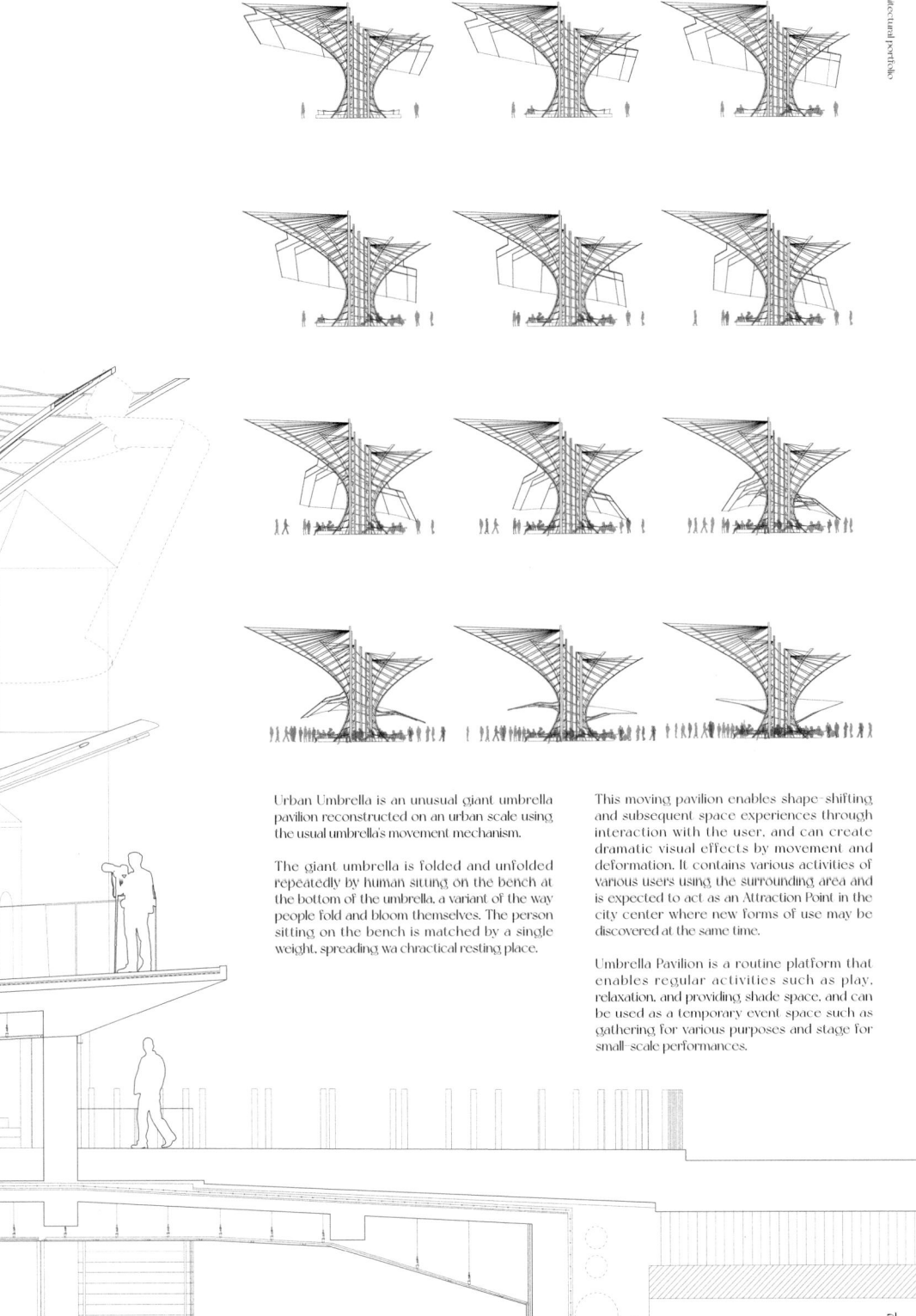

Urban Umbrella is an unusual giant umbrella pavilion reconstructed on an urban scale using the usual umbrella's movement mechanism.

The giant umbrella is folded and unfolded repeatedly by human sitting on the bench at the bottom of the umbrella, a variant of the way people fold and bloom themselves. The person sitting on the bench is matched by a single weight, spreading wa chractical resting place.

This moving pavilion enables shape-shifting and subsequent space experiences through interaction with the user, and can create dramatic visual effects by movement and deformation. It contains various activities of various users using the surrounding area and is expected to act as an Attraction Point in the city center where new forms of use may be discovered at the same time.

Umbrella Pavilion is a routine platform that enables regular activities such as play, relaxation, and providing shade space, and can be used as a temporary event space such as gathering for various purposes and stage for small-scale performances.

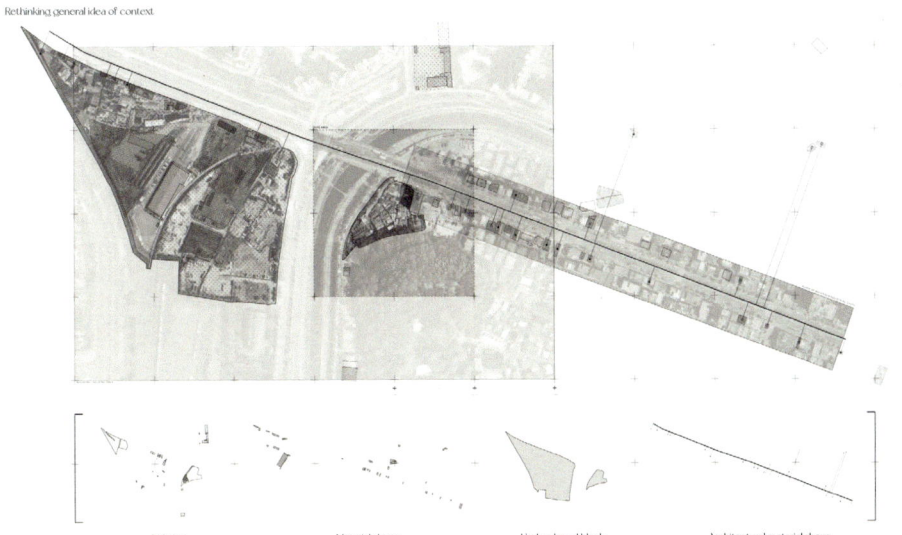

Industry   Material shops   Undeveloped block   Architectural material shops

RETHINKING OF -
PRIVATE AND SHARING

A city is like a mass of desires created by the lumps of people's desires. The numerous objects that make up the city have been proposed according to their academic, artistic and social beliefs by architects and other experts. But the city's citizens don't use them as they intended. They continue to change according to the situation of the times, from very small parts to the whole, and to the behavior of humans, expressing their desires through the city.

The modified dwellings of Gwangmyeong City have gradually become one huge colony, filling the gap between buildings and buildings, laying buildings on top of buildings and building new buildings in empty spaces. The residents produced their own work space, rest area, office space, and residential space to form a collective dwelling, utilizing the local products or materials readily available near the area.

The deformed space by arbitrary scale does not allow for a gap in the city and is a space that has a negative impact on the cityscape while producing maximum efficiency within special and limited capital. While maximizing these advantages, I would like to propose an architecture that would still actively utilize the infrastructure facilities that the city has.

In this project, we propose a residential space that maximizes the variability of deformed space and try to form a space by referring to the city's way in which citizens directly produce space by relative measures, not by universal measures. In the dwellings created, citizens would like to propose collective housing, which is constantly built by directly producing production spaces by sharing dwellings and land in their own way and by tacit means of community.

Chapter 0. 포트폴리오 _95

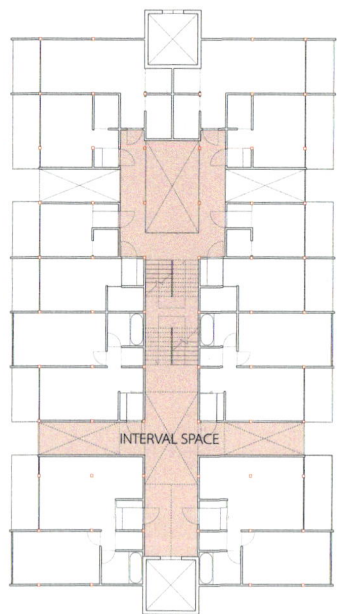 

Plan diagram

Transformed residence have gradually become one huge colony, filling the gap between buildings, laying buildings on top of buildings and building new buildings in empty spaces. Using the products of the area or materials readily available near the area, the residents produced their own work spaces, rest areas, office spaces, and residential spaces to form a collective dwelling. We should not overlook this desire and the way of life that exists in the city. The deformed space by arbitrary scale does not allow for the cracks in the city and is a space that has a negative impact on the cityscape while producing maximum efficiency within special and limited capital. While maximizing these advantages, I would like to propose an architecture that would still actively utilize the infrastructure facilities that the city has. I would like to propose a residential space with maximum variability and to propose a collective dwelling in which the city produces space on a relative scale, not on a universal scale, by forming a spatial system and sharing the land with the city, so that the productive space is produced directly by the city and built constantly.

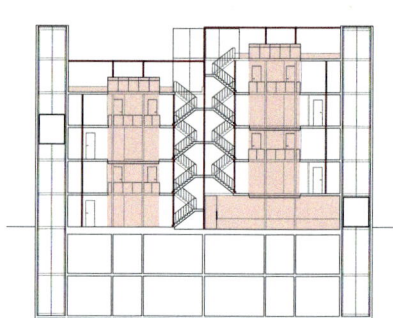

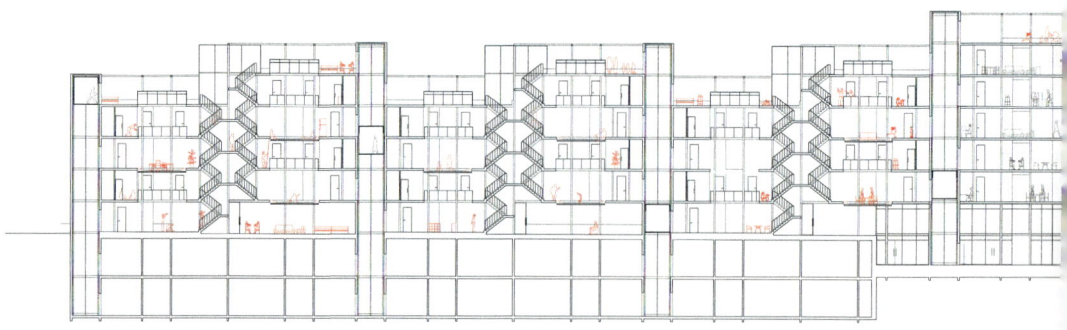

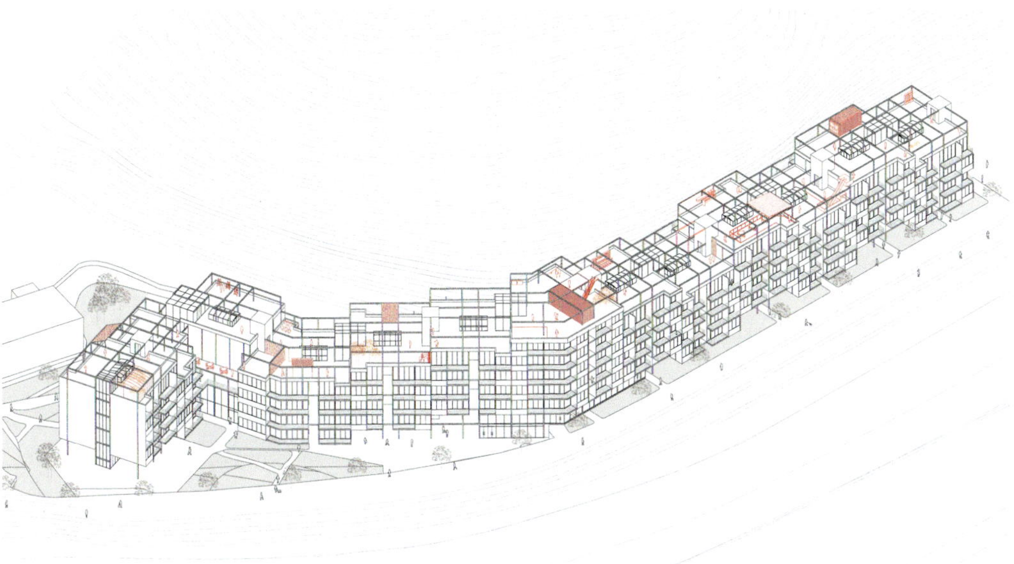

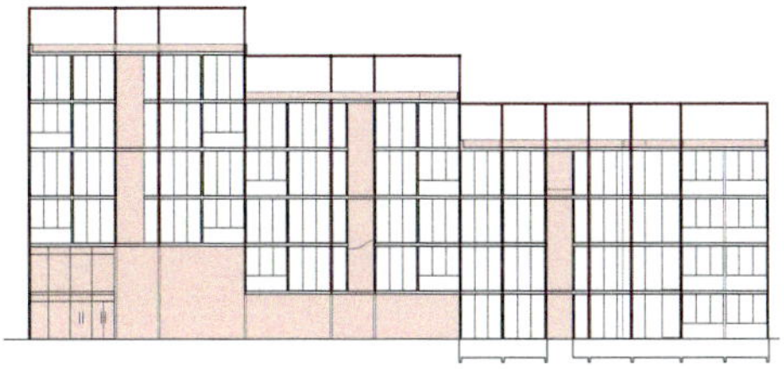

Section diagram

The user of the collective housing is aimed at the youth, and ten types of basic housing modules of 13.5m2 up to 90.41 square meters are proposed to satisfy the diverse residential needs of the youth. In addition, by placing module types in cross order, two different rooftop spaces and one pilot space per module are included as areas of neutral space, so that the maximum shared area can be obtained within a limited area. The method of occupying space of intermediate character is directly determined from the inner space of each generation to the middle space of the entire module at large, suggesting a system in which users can produce space directly according to the nature of sharing. In the plane, a column system is proposed that serves as a structural column with a span of 6m and a space frame of 3m to utilize the redundancy space as a neutral space with variability.

As the walls deviate from the structural role, the generation members will be able to produce their own space to suit their own lifestyles. Crossed with a 1.8-meter-long space centered on redundancy. Instead of simply having a common living room in the central space through the existing void, the next door or the front door has a neutral space. The potential for many variations that occur when privatizing affects the upper and lower houses, and the characteristics of each module can create a shared space. They wanted to make room for each other, and they wanted to imag while maintaining as much private space as possible.

As time went by and society changed, so did individual lives and values. Buildings, which used to be a symbol of invariance, were most affected by this, and residential facilities were simply reduced to sleeping areas. There have been many attempts to suggest various programs and production facilities to these residential facilities, but they have remained unchanged.

In this project, I would like to suggest a system that can create the space they want at any time because I thought fast-changing lifestyles should not be constrained between hard balls. This produced space is created by meeting their needs and urban characteristics, and is not only the most important production space for individuals, but also a neutral space created by intergenerational consensus, rather than an infinite expansion of self-interest in existing cities.

I think that the creation of production spaces and communities that are produced according to individual needs, and the neutral spaces and communities that are produced by meeting them, is the future of housing.

Rethinking general idea of context

ALLEYSCAPE

Rethinking of urban blocks
2019,01
Team project
International project
Dankook univ , University Asia
Pacific
Dhaka, Everywhere
Bangladesh

Tae Il Han
Ji Ha Song
Sung Jun Cho
Ji Soo Hong

Porag Chowdhury
Syeda Rizwana
Imran Nazir

Role : Team leader

City analysis
Project management(Main)
3D Modeling(Main)
Photograph
Diagram making
Architectural drawings
Photo collage

RETHINKING OF -
URBAN BLOCKS

"EVERYTHING HAPPENS IN THE STREET SHOULD BE RETURN TO THE STREET."

Most of the Dhaka's problems start from the streets. Because the streets of Dhaka have generated spontaneously, so those are very narrow and winded. It was not a problem at the first time. But after the rapid growth of Dhaka with large population, Dhaka's streets covered by a lot of things which have different speed. But they cannot be just separated since they have very tight and intimate connection each other especially in the alleyways. For example, the merchandises go to markets and people who come to markets need transportation. After buying goods, people use rickshaw to go home. To solve this kind of problems, most of high density regions use vertical solutions like elevated road, underground road and even sometimes they just destroy existing buildings and alleyways to build bigger road. But in Dhaka, those intimate connections and relationships are prior than any other things. Thus the horizontal solutions which can maintain connections and also reduce density are necessary. People of Dhaka spend a lots of times in the mosques and nearby markets. Even without specific purposes, the people
gather in alleys talk with neighbors, have tea time or shopping. Ironically, in Dhaka, small alleyways become a plaza that people gather and dismiss all the times. Also in the alleyways of Dhaka, there are a lots of unorganized stuffs and vendors. The space they occupying is as a small obstacle spread all over the alleyways exist without any kind of structure or arrangement. If a kind of 'Pocket Space' may accommodates vendors and work as plaza for anyone who want to use the alleyways, It will be a new culture of Dhaka and a kind of "Breathing Pipe" which may release the density of alleyway.

Left
Dhaka, main road

Top
Dhaka, market place, bazar

Bottom
Dhaka, Way from home,
people are not separated from
ricksaw and car.

Top
Dhaka, market place, bazar

Bottom
Dhaka, Temporary merchant in alley
People walk or ride Ricksha to use market.

Top
Dhaka, market place, bazar pockets

Bottom
Mosque, Islam culture, people pray in alley

Rethinking general idea of context

| Bazar | School | Hospital | Mosque |

Many Bazars and Ricksha are place in the current pocket, but they are not complex and orderly, we are going to make small structures for them. Because these structures are designed for only specific uses and eliminate unnecessary functions, they can reside in small pockets in the smallest size.

And there are lots of fence wall in Dhaka, it can seem frustrating, but they help a certain degree of order and regulation.

So we tried to create a pocket between the walls while maintaining their function.

Rethinking general idea of context

hole

Rethinking general idea of context

Architectural porticho

Rethinking general idea of context

Architectural portfolio

Urban section : Alleyscape 420x8410

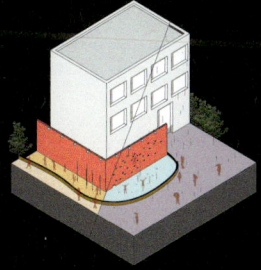
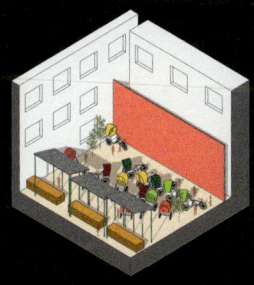

19.01
Bangladesh, Dhaka
University of Asia Pacific 'UAP'
Exhibition, Drawings & Movie

P

RE TH

Person

201
Selec

*3

NKING
    w o r k s

)21
Vorks

PORTRAIT Motility & Elasticity

[RE]xperience

Art Work / Conception Study / Architecture and Portarit, The Tecktonic / Drawing / Model making / Exhibited

Liquidity, decomposition and recombination through the correlation between organic combinations and members of architecture.
Human facial movement, skeleton and muscle, movement and elasticity.

Can you reach the truth without experiencing it?

We can infer how a person's facial expression changes, what it means, and what emotions are like at the time. This is possible because I myself have made the same expression and felt the same emotions.
However, recently created artworks, machines, and even architecture have mechanical movements or sensibilities that have never been experienced before, and it is natural that the movement or sense of space cannot be expected, and there are many things that cannot be understood even after repeated decomposition and experience.

This is derived from a lack of experience, and experience is replaced by a manual or diagram. If a non-human creature sees a person for the first time, it has no idea who that person is or what facial expression he can make.

From this phenomenological point of view, I tried to find the answer in the decomposition and recombination of my own face, agonizing over what it meant for artists, architects, and engineers to exclude public experience.

In this self-portrait project, under the theme of "I have not experienced anything I do not understand," it decomposes, recombines, overlaps the curvature of the face through shadows, and allows detailed facial expressions and information to be obtained from a single face as a whole. This self-portrait is also intended to be a medium for the audience to understand my own appearance and emotions.

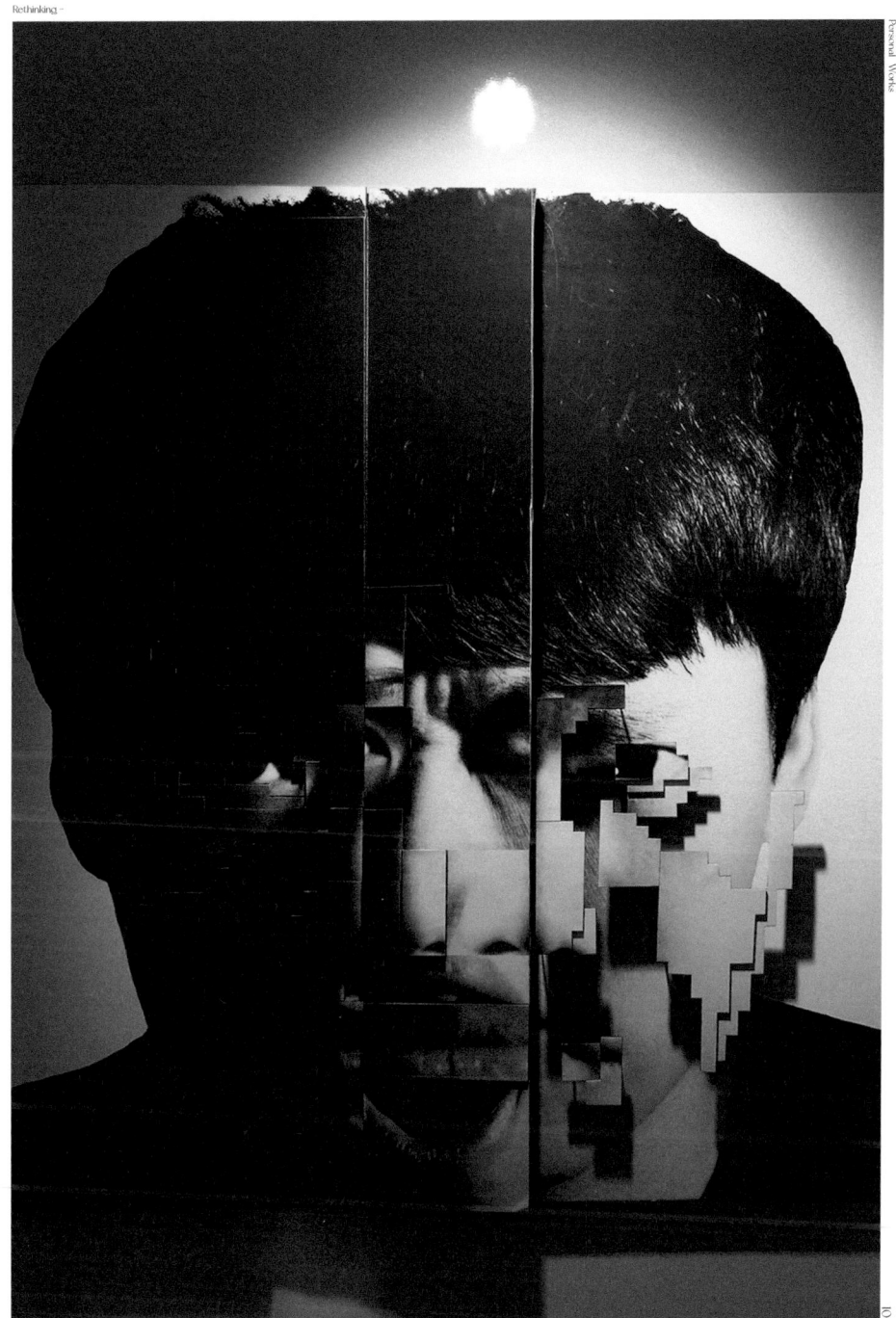

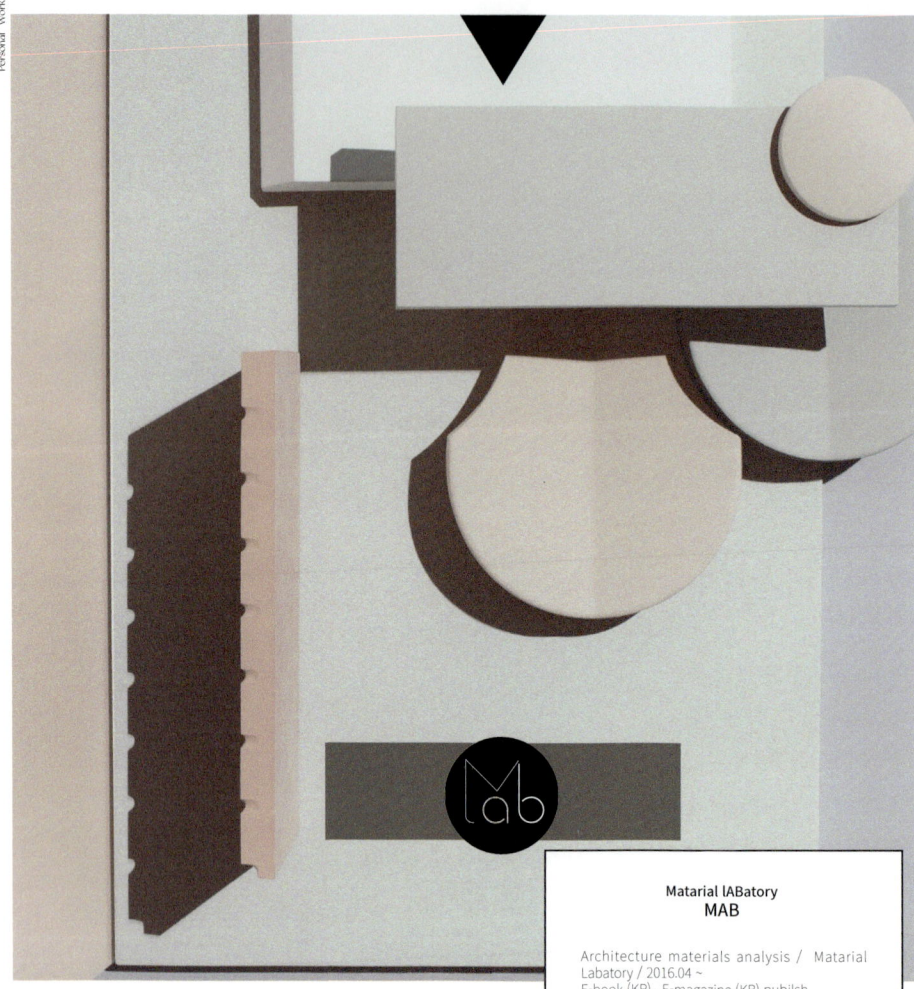

Matarial IABatory
MAB

Architecture materials analysis / Matarial Labatory / 2016.04 ~
E-book (KR) , E-magazine (KR) pubilsh

M.ab aims to create a material database that can help not only the general public, but also architects and architects through in-depth exploration of materials in and out of architecture. Currently, most of the books on the market are books that cannot be viewed without engineering knowledge or need translation, and in the case of Korean books, there are no books that can be used as a database by dealing with both internal and external materials in depth. Although we are undergraduates, we want to contribute to the expansion of infrastructure in the Korean architecture industry by creating books that can be of great help to anyone who needs information.

1

PLASTIC
POLYCARBONATE

NOT NEW, JUST EXSIST

신소재에 대한 연구는 예로부터 끊임없이 진행되어 왔다. 현재에는 이름도 들어보지 못한 신소재가 많은데, 우리는 무심코 좋은 재료들을 외면한 채 신소재를 개발하고 있진 않은가?
플라스틱은 투명하면서도 강하고, 단열성능이 유리에 비해 우수하며, 재활용이 가능하다. 저렴해보이던 이미지로 외면했던 플라스틱에 대해 다시 한번 생각해볼 필요가 있다.

MATERIAL CONCEPT

플라스티코스(plastikos;)그리스어로 성형하기 알맞다는 뜻이다. 이름에서부터 알 수 있듯이, 수많은 인조재료들 사이에서 플라스틱은 가장 성형하기가 쉬웠고, 여러 단계의 제조공정을 거쳐 점차 널리 쓰이게 됐다. 오늘날에는 '건축'이라는 큰 분야에서 입지를 단단히 한몫하고 있는 재료지만, 어느 곳에서나 볼 수 있었던 탓인지 인식은 그렇게 좋지 않다. 과연 성능 또한 좋지 않을까?

POLYCARBONATE & GLASS

폴리카보네이트(PC)는 열가소성(열을 가하면 변형되는) 플라스틱의 한 종류이다. 특징으로는 자기 소화성(불이 붙지 않음)과 투명성이 있다. 불이 붙지 않고 투명하다는 점은 일반 유리와 비슷하지만, 폴리카보네이트는 강화유리보다 충격에 150배 강하다. 즉 폴리카보네이트는 유리처럼 투명하면서 불이 붙지 않으면서 충월하지 막는 강도를 가진 재료이다.
가격은 유리보다 비싸다. 하지만 유리보다 오래 지속가능하고, 안전하며 가벼워 설치비가 적게 든다.
유리의 치명적인 단점 중 하나인 '단열' 분야에서도 폴리카보네이트가 우수하다. 또한 자외선 투과율도 낮아 자외선 차단, 에너지 절약에 좋은 효율을 보인다. 가시광선 투과율이 높아 유리처럼 매끈한 표면과 광택을 유지하면서도 유리보다 다양한 색상을 가지고 있다.
마지막으로 폴리카보네이트는 재활용이 가능하다. 지금도 건축폐기물을 끌어안고 있는 사람들이 많은데, 유리보다 낮은 온도로 녹여 새로운 제품을 만들어 낼 수 있는 폴리카보네이트는 매우 훌륭한 미래지향적 재료이다.

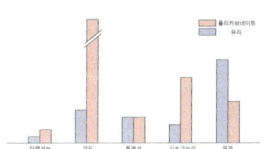

폴리카보네이트의 가장 큰 단점은 가격이다. 현재는 많은 제조사가 생겨나고 기술 또한 발전하면서 가격이 조금씩 낮아지는 추세이지만, 기스나 색상바램을 방지하기 위해서는 6T 이상, 평활도를 높이기 위해서는 10T이상의 폴리카보네이트가 필요한데, 5T 이상의 폴리카보네이트는 유리에 비해 많은 가격이 요구된다.
두 번째로는 '열'이다. 자연에서 발생하는 열에 변형되지는 않지만, 온도변화로 인한 이음새 결로현상이 발생할 수 있고, 한겨울 돌파 시 강도가 현저히 약해지는 단점이 있다. 따라서 폴리카보네이트로 사람이 생활하는 부분의 지붕을 시공할 때에는 물이 떨어지지 않게 접합/이음새의 마감에 신경써야 할 필요가 있다.

- 건축분야에서의 폴리카보네이트 사용 용도 -

천장, 캐노피, 건축물의 연결통로, 건물 및 거실, 공장 등의 채광판 및 지붕재, 고층 아파트의 창호 및 안전유리, 박물관, 병원의 창, 수영장, 실내체육관 지붕, 사격장, 수족관 및 식물원, 온실, 동물원의 울타리, 방탄 및 방음벽, 자외선 차단 구역, 각종 저장소 버스정류장의 대기소, 주유소 캐노피, 공중전화 BOX, 자동판매기 및 진열장, 실내한막이, 실내외 사인보드 등

PRADA FOUNDATION MUSEUM / polycarbonate interior and sculpture

렘쿨하스가 디자인한 PRADA FOUNDATION(폰다지오네 프라다)의 벽은 빛과 상호작용 할 수 있는 폴리카보네이트 시트로 만들어 졌다. 이 벽은 조명과 태양빛을 받아 내부의 전시품들에게 전달하고, 화려함을 더해준다.
헴쿨하스는 폴리카보네이트 벽은 13mm-60mm 로 이루어져 있고, 강화유리의 150배 강도, 열 접착으로 인해 가능한 구조이다.

폰다지오네 프라다의 내부공간은 마치 대리석처럼 빛나고 세련됐으며, 태양빛을 내부로 유입시키고, 내구성 또한 뛰어나다. 폴리카보네이트의 장점이 이뤄낸 아름다운 공간을 만들어낸 것이다. 위 사진은 폰다지오네 프라다에 전시된 폴리카보네이트 장식품이다. 벽체에 사용된 폴리카보네이트 보다 투명하고 얇은, 마치 유리와도 같은 재질의 폴리카보네이트를 사용했다. 이 장식품들은 외벽에 방문자들의 시선을 사로잡는 깔끔한 외관으로 건물에서 비친 조명의 반사광을 다시 서로에게 반사시키고 마치 천장에 별들이 떠 있는듯한 이미지를 준다. 폴리카보네이트 벽은 내수성이 뛰어나고 열팽창이 강하여 '폰다지오네 프라다' 에서는 환기 효과까지 더해졌다.

어쩌면 우리는 더 이상 새로운 소재를 만들어 낼 필요가 없다. 기존의 재료들의 장점을 명확히 파악하고, 그 장점을 극대화시키는 방법을 모색하면, 기존의 재료로도 이전에 없던 무엇인가를 만들어 낼 수 있다. 더 이상 피그머리고 분리되는 플라스틱 페트병은 없다. 이제 플라스틱은 무궁무진한 장점들을 가지고 당당하게 자신을 드러낼 것이다.

Municipal Sport Hall, curtain wall by polycarbonate

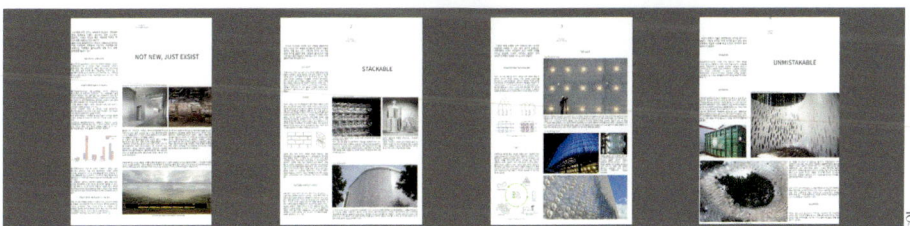

Chapter 0. 포트폴리오 _119

3

PLASTIC
POLLI - BRICK

"RE" SULT

사람은 항상 미래에 대해 걱정하곤 한다. 하지만 미래에는 예측할 수 없는 일이 생기기 마련이다. 건축재료의 미래는 어떠할까? 과연 어떠한 장점을 가지고 있을까? 어쩌면 이전에는 없었던, 전혀 상상하지 못했던 장점을 가지고 있진 않을까?

PROPORTION TECHNOLOGY

Polli - Brick의 장점 중 하나는 내부를 다른 재료로 채울 수 있다는 점이다. 이러한 장점은 건물 외벽에 단열효과를 증가시키거나 LED 조명을 넣어 입면의 다채로운 색감을 표현할 수도 있으며, 나아가 인테리어 소품으로도 까지 활용 가능하다. 즉 기술이 발전하고 새로운 것들이 생겨나도, 이 모든 것들을 Polli - Brick과 활용 할 수 있는 것이다. 다른 재료들을 모두 흡수해 하나의 완전체가 되어가는, 어쩌면 우리가 상상할 수 없었던, 이전에 존재하지 않았던, 미래의 완벽한 재료의 모습일 수도 있다.

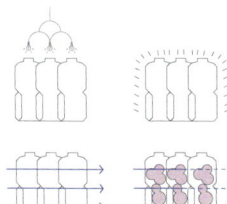

Technology Diagram, Polli - Brick

" RE "

다른재료를 흡수할 뿐만 아니라, 재활용 까지 가능하다. 최근 Green Energy (대체 가능한, 재생성 가능한 에너지)라는 개념이 급부상하고 있는데, 이는 석유는 한정적이고, 지구는 병들어 가기 때문에 미래를 위해서라면 반드시 고려해야 될 개념이기 때문이다. 이러한 부분에서 플라스틱은 굉장히 큰 장점을 가진다. 플라스틱으로 만들어진 Polli - Brick 또한, 버려진 플라스틱 페트병을 가공, 재공정 하여 하나의 모듈로 만들어 낸 뒤 활용 가능하다. 또한 Polli - Brick 모듈의 과정은 거푸집에 콘크리트를 부어 만들어낼듯이 쉽고 빠르기 때문에 재공정시 큰 에너지를 들이지 않는다.

Recycle Diagram, Polli - Brick

Tapei, Eco -Ark, by Miniwiz

대표적인 건물로는 Taipei의 Eco-Ark가 있다. 이 건물은 전시관으로 활용되고 있으며, 무려 150만개의 플라스틱 병을 재활용한 Polli - Brick으로 만들어 졌다. 크기는 무려 2000평방 미터 이상, 농구장 6개 크기의 9개층으로 이루어져 있다. 이러한듯 Polli - Brick은 큰 규모의 건물에도 사용 가능하고, 구조적인 부분에서도 태풍, 지진에도 견딜 수 있는 견고함을 구조실험을 통해 인정받았고, Eco-Ark가 재료로 선정되었다. Eco-Ark는 재활용 가능한 폐기물로 지어진 건물 중에서 역대 최대 규모로 지어졌으며, 크기에 비해 무게는 같은 크기의 건물에 비해 50%정도이다. 또한 플라스틱 병을 재활용 하여 만들어졌기 때문에 시공비는 같은 크기의 건물에 비해 30% 정도 밖에 들지 않았다.

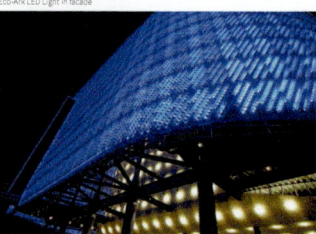

Eco-Ark LED Light in facade

건물의 외관은 다른 건물에서 결코 볼 수 없던 독특함이 드러난다. Polli - Brick이 촘촘히 쌓아져 새로운 볼륨감과 깊이를 보여주고, Polli - Brick 내부에는 LED 조명이 설치되어 해가 지고 난 뒤에 건물 외벽이 뿜어내는 조명빛은 마치 우리가 상상하던 미래도시의 모습을 보여준다.

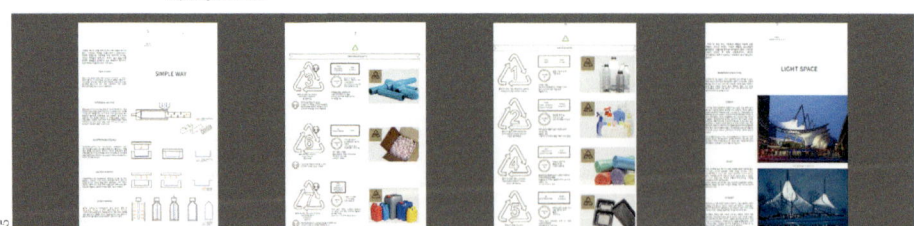

8

Fabric
Metal Fabric

FROM CLOTHING
TO ARCHITECTURE

기술이 발전함에 따라, 의식주(衣食住)는 막대한 변화를 이루었다. 현재는 무수히 많은 음식, 집, 옷들이 있으며, 기술 또한 많이 갖추어졌다.
의복 제조의 관점에서, 가벼운 재료를 얇으면서도 견고히 만드는 방식은 과거에 비할 수 없을정도로 성장했다. 이러한 섬유직조방식은 합리성을 인정받아 건축에서도 사용되었고, 현재는 섬유가 아닌, 다른 건축재료를 직조하는 방식에 대한 연구도 진행되고있다.

ORIGIN

'섬유질' 이란 단어는 쉽게말해 작은 섬유들이 모여있는 구성을 말한다. 이는 주로 음식에서 많이 사용되는 단어로, 대표적으로 고구마의 속부분을 섬유질이라 한다. 그렇다면 섬유질의 장점은 어떤것이 있을까? 많은 영양소를 저장할 수 있는 장점도 있지만, 가장 큰 장점은 얇고 가벼운 것을, 즉 견고하지 많은 것들로 견고한 구성을 해낼 수 있다는 점이다.

의복에서의 섬유는 비록 고구마의 자연섬유와 다른 인공섬유이지만, 구성방식에는 큰 차이가 없다. 얇고 가는 인공섬유를 하나로 끈끈히 묶처 가공하는 방식(직조)으로 의복이 탄생하고, 인공섬유에서는 볼 수 없었던 견고함이 생겨난다.

인공섬유를 직조하는 기술이 발달하자, 섬유가 아닌 다른 재료를 직조하는 기술이 도입되었고, 건축재료 또한 이러한 방식으로 만들어지고 있다. 건축에서는 이렇게 만들어진 재료를 FABRIC(패브릭 : 직물, 천, 등)이라 부른다. 이는 천막에서부터 금속까지 '직조'의 방식으로 탄생한 모든 재료를 총칭한다.

METAL FABRIC

METAL FABRIC(메탈패브릭)은 스테인리스 케이블과 와이어로프를 서로 교차하여 직조한 방식으로 만들어진 재료이다. 이는 스테인리스를 사용하여 내구성이 뛰어나고, 자유로운 오픈홀과 탁월한 차양효과로 건물내부의 에너지 효율성을 증대시킬 수 있는 장점이 있으며, 외관에서 볼 때, 하나의 레이어가 되어 건물의 외장재와 함께 겹쳐 보이게 하는 연출이 가능하다. 이는 조명효과가 있을때 극대화되어 시각적인 아름다움을 제공한다. 또한 섬유 직조의 장점인 가볍고 얇은 재료로서, 다양한 변형이 가능해 어떠한 형태로도 만들어 낼 수 있어, 최근 많은 건축물에 사용되는 재료이기도 하다.

메탈패브릭은 SOILD한 덩어리가 아닌, 케이블과 와이어로프 사이의 틈이 존재하기 때문에, 메탈패브릭의 외관은 조명효과와 함께할때 극대화된다. 이는 건물외장재로 사용시 태양의 변화에 따라 건물의 입면이 다르게 변화하는 효과를 줄 수 있으며, 인테리어 재료로 사용시 조명이 만들어내는 메탈패브릭의 외관과 그림자는 실내공간을 더욱 풍부하게 해주는 요소로 사용 가능하다. 현재는 다양한 종류의 메탈패브릭이 제작되어 사용자의 의도에 맞게 케이블과 와이어로프 사이의 틈을 조절하여 생산할 수도 있다.

FOWARD

여러가지 색을 섞어 원하는 색을 만들어내듯, 기술이 발전함에 따라 사람들은 점차 완벽히, 원하는 무엇인가를 만들어내기 위해 여러가지를 복합적으로 시도해보고 한다. 낡고 외판한 연관이 있는 것들은 더더욱 그러하다. 튼튼하고 넓고 넓은 공간을 만들어내기 위해 콘크리트와 철근이 복합적으로 사용되는것처럼, 앞서 소개한 메탈패브릭은 가볍고 얇은 재료를 만들어내기 위해 섬유 직조방식을 채택했다. 시간이 흐름에 따라 사람은 여러가지 기술을 복합적으로 사용하여 수많은 장점을 가진 것들을 만들어 낼 것이다.

Metal Farbric Architecture - Halifax Intl Airport Parkade

Metal Fabric

Metal Fabric - Interior

Teaching, Planning
ARCHITREE-camp

Workshop for high school students, architecture camp. Architree / 2018.03 ~ 08
Participation of planning groups, program planning and design / Teaching, Volunteer

Architree is a program that introduces architecture to high school students who are about to enter university and works in groups with college students to experience the life of an architect.
In the two-night and three-day camp, I tried to make architecture lighter and more friendly by solving heavy and burdensome concepts for high school students with fun games.
In 18, Architree included a game called "Finding Treasures," which hid paper with the issue of the destination, and allowed high school students to find it and use it actively in design.

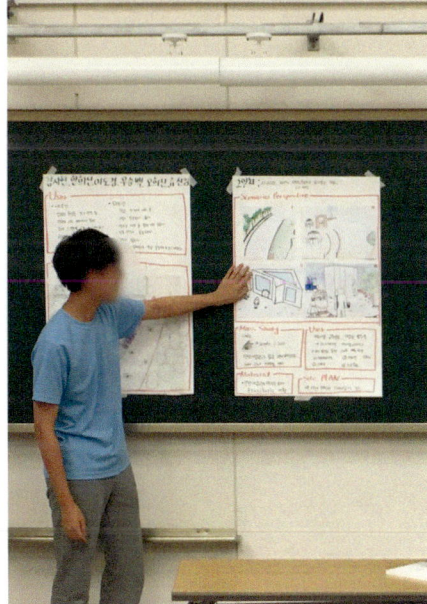
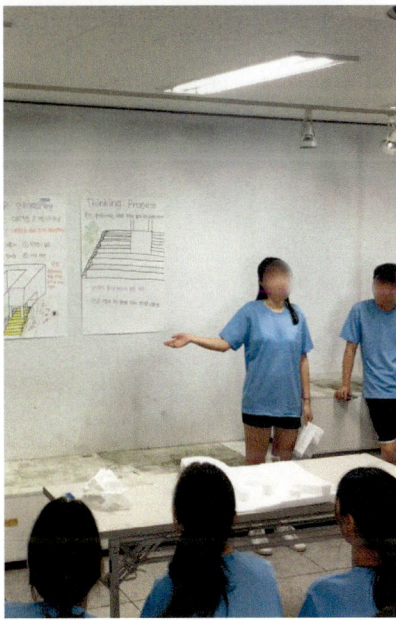

Pavilion, Installation
UAUS

Association of College Students Architecture, UAUS / 2016.03-06
Pavilion Initiative, Design, Drawing and Installation

In 2016, UAUS implemented a project to create a pavilion to be installed in Sunyudo Park under the theme of 'renewability'. At Dankook University, people often threw away cloth, dreaming of being reborn as an architectural fabric, gathered old or worn-out jeans inside the university to create a flexible wall.
It was hung on a scaffold to create a layer, and people walked around the interior to create various interactions, including pants pockets and outdoor scenery that could be seen when the zipper was opened.
After the exhibition, it was donated to fashion designers as a whole to achieve perfect regeneration.

201
Selec

End

RE TH

General Idea

H
+82 1
ttaett

Po
Design and Pr
Copyright 2021 H

021
Works

page

NKING

Common Sense

IL
2 6260
ail.com

021
by Han Tae IL
all rights reserved

P·O·R·T·F·O·L·I·O

Chapter

1

포트폴리오 이해

1 포트폴리오의 정의

1-1 기록의 수단

포트폴리오는 디자이너의 작품을 모아놓은 결정체라 할 수 있다. 작게는 특정 프로젝트의 기록만으로도 포트폴리오가 될 수 있고, 크게는 일정 기간 동안의 활동, 작품을 기록하는 것도 포트폴리오가 될 수 있다. 여기서 가장 중요한 것은 기록이라는 행위이다. 사람은 다양한 방법으로 자신을 기록하고 있다. 사진이든, 그림이든, 글이든 수많은 방법론이 있지만, 디자이너에게 가장 효과적인 기록의 수단은 바로 포트폴리오다.

많은 디자이너들이 포트폴리오를 단순히 입학·취업 등 원하는 목표를 이루기 위한 수단으로 사용하기는 하지만, 우리는 기록이라는 본질에 조금 더 집중해야 할 필요가 있으며, 본인의 시간·경험·작품을 기록하는 수단으로써 포트폴리오를 제작해야 한다.

1-2 가치관 표현

건축을 공부하거나 실무를 경험한 이들이라면 누구나 언젠가는 포트폴리오를 만든다. 하지만 '왜 만들어야 하는가'라는 질문은 종종 간과된다. 많은 사람들은 포트폴리오를 이력서의 부속물 혹은 입시와 취업을 위한 실적 정리로만 여긴다. 물론 그것도 중요한 목적이다. 하지만 포트폴리오는 '보여주기 위한 결과물 모음'이 아니다. 포트폴리오를 만드는 과정은 자신의 사고와 정체성, 설계적 관점을 구조화하는 자기 인식의 작업이기도 하다.

1-3 성찰과 앞으로의 방향성

포트폴리오를 만드는 시간은 과거를 정리하고, 현재를 성찰하며, 앞으로의 방향을 설계하는 시간이다. 어떤 프로젝트가 나에게 가장 의미 있었는지, 어떤 실수가 있었는지, 나는 반복적으로 어떤 스타일을 추구하는지, 앞으로 나는 어떤 건축가가 되고 싶은지, 이 모든 질문에 답을 얻기 위해 포트폴리오를 만든다.

  이 책은 단순한 작업 지침서가 아니다. 여러분의 건축적 사고를 다시 바라보게 만드는 거울이고, 다음 발걸음을 위한 지도이자 나침반이 되기를 바란다.

2 포트폴리오에서 가장 중요한 것

모든 작가의 포트폴리오는 저마다 고유한 색을 지니고 있다. 그러나 전공별로 세분해 살펴보면 각 전공에는 공통적으로 전달하고자 하는 방향성, 포트폴리오 제작 전략, 프로젝트 전개 흐름이 존재한다.

2-1 균일한 퀄리티 유지

포트폴리오에서 가장 중요한 요소는 '균일한 퀄리티'다. 수록된 프로젝트들이 각기 다른 주제와 개성을 지니더라도 어느 하나가 눈에 띄게 완성도가 떨어져서는 안 된다.

  전략 수립 단계에서 우리는 수록할 프로젝트를 선정하고, 그 순서를 결정하게 된다. 보통 가장 높은 퀄리티의 프로젝트를 맨 앞에, 상대적으로 완성도가 낮은 프로젝트를 뒤에 배치하는데, 이때 마지막에 오는 프로젝트가 유독 완성도가 낮다면 전체의 평균 퀄리티를 끌어내리는 결과를 초래한다.

따라서 포트폴리오에는 반드시 본인이 가치 있다고 판단하는 작업, 평균 이상의 완성도를 갖춘 프로젝트만 포함해야 한다. 물론 제작 과정에서 부족한 이미지나 표현은 후에 보완할 수 있을 것이다.

2-2 건축적인 어휘를 사용할 것

앞서 언급한 균일한 퀄리티와 마찬가지로 건축 프로젝트에는 '건축적인 어휘'가 반드시 포함되어야 한다. 건축 전공자라면 프로젝트 진행의 전형적인 방향성을 어느 정도 파악할 수 있으며, 오랜 기간 포트폴리오를 심사해온 전문가라면 이를 더욱 쉽게 읽어낼 수 있다.

따라서 우리의 프로젝트가 세상에 하나뿐인 독창적인 콘셉트를 지니더라도 특정 부분이나 이미지에서 건축적인 어휘를 드러낼 수 있어야 한다. 건축은 보이지 않는 개념과 이야기를 물질화하고 구현하는 작업이므로 보편적인 건축 프로세스·전문 용어·건축적 이미지가 전혀 없다면 프로젝트를 건축 작업이라 보기 어렵고, 심사자 역시 그 흐름을 읽기 힘들어진다.

실험적이거나 미래지향적인 프로젝트의 경우 건축적 어휘가 다소 약해질 수 있다. 하지만 건축 전공자가 평가했을 때 프로젝트의 방향성을 명확히 이해하고 상상할 수 있는 범위 안에서 작업이 전개되어야 한다.

2-3 전체를 관통하는 주제를 설정할 것

포트폴리오는 작업 모음집이 아니라 하나의 '이야기'를 담아내는 책과 같다. 개별 프로젝트가 아무리 훌륭해도 그것들이 모였을 때 일관된 주제를 형성하지 못한다면 지원자의 정체성을 드러내기 어렵다.

따라서 포트폴리오를 시작하기 전 또는 제작 과정 중에도 '나는 이 포트폴리오를 통해 어떤 사람·작가로 보이고 싶은가?'라는 질문을 지속적으로 던져야 한다. 이 질문에 대한 답이 바로 포트폴리오 전체를 관통하는 주제가 되어야 하며, 이는 프로젝트의 선택·배치·표현 방식 전반에 영향을 미친다.

2-4 실험적인 프로젝트를 중심에 둘 것

대부분의 지원자는 대학 시절 수행한 과제를 중심으로 포트폴리오를 구성한다. 이 프로젝트들은 크게 실험적인 프로젝트와 구현 가능성이 높은 프로젝트로 나눌 수 있다.

실험적인 프로젝트는 근·미래 혹은 새로운 사회적 문제를 해결하기 위해 과감한 콘셉트와 형태를 시도하는 작업이다. 비록 실현 가능성이 낮더라도 그 아이디어 자체가 토론의 가치를 지니며, 심사자에게 깊은 인상을 남긴다.

구현 가능성이 높은 프로젝트는 현실적인 요구 사항을 충족하고, 조감도·도면 등 실무 중심 자료를 기반으로 한다. 하지만 실무진이나 교수진 모두 일상적으로 수많은 도면과 투시도를 접하기 때문에 지원자의 작업이 특별하게 다가가기는 쉽지 않다.

따라서 보유 프로젝트 중에서 실험적인 프로젝트를 포트폴리오의 주축으로 삼고, 구현 가능성이 높은 프로젝트는 보조적으로 한두 개 정도 배치하는 것이 효과적이다. 실험적인 프로젝트가 없다면 '실무적인 완성도와 도면 표현 능력'을 강점으로 내세우는 전략을 택하는 편이 좋다.

요약

균일한 퀄리티 유지
- 모든 프로젝트가 평균 이상의 완성도를 갖추어야 함
- 퀄리티 차이가 큰 작품이 뒤에 배치되면 전체 수준이 떨어져 보임
- 부족한 부분은 추후 보완 가능하나, 수록 시점에 가치 있는 작업만 포함

건축적인 어휘 사용
- 독창적인 프로젝트라도 건축적인 프로세스·이미지·표현이 포함되어야 함
- 건축적 맥락 없이 진행되면 심사자가 이해하기 어렵고 방향성을 잃을 수 있음
- 실험적인 프로젝트일수록 건축 어휘 비중은 줄 수 있으나, 읽히는 건축적 맥락은 필수

전체를 관통하는 주제 설정
- 포트폴리오는 단순 작품집이 아니라 작가를 드러내는 집합체여야 함
- 제작 전·제작 중에 '이 포트폴리오가 보여줄 나의 정체성은 무엇인가?'를 고민할 것

실험적 프로젝트 중심 구성
- 실험적 프로젝트: 미래지향적·문제 해결 중심, 구현 가능성과 무관하게 사고 확장에 의미
- 구현 가능성 높은 프로젝트: 현실적 요구 사항 중심, 도면·조감도 비중이 큼
- 심사자는 실무진·교수진이 많아 실험적 작업에 더 흥미를 느끼는 경우가 많음
- 권장 구성: 실험적 프로젝트 위주 + 구현 가능성 높은 프로젝트 한두 개 보완
- 실험적 프로젝트가 없다면 '실무 능력·도면 실력' 중심 전략 선택

Chapter 2

포트폴리오 전략 수립

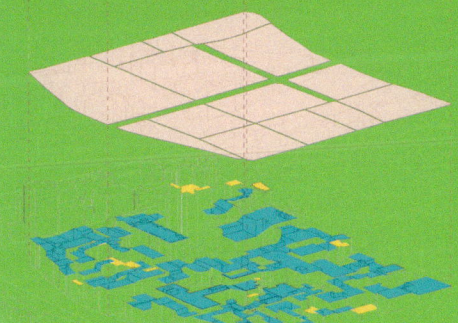

1 목표 설정

포트폴리오는 작업물을 나열하는 문서가 아니라 본인의 목표를 효과적으로 전달하기 위한 전략적 도구다. 포트폴리오 제작의 첫 단계는 '무엇을 위한 포트폴리오인가'를 명확히 설정하는 것에서 출발해야 한다. 일반적으로 포트폴리오 제작 목적은 입학(유학) 또는 취업으로 구분되며, 세분화하면 특정 회사나 학교를 목표로 하는 경우와 그렇지 않은 경우로 나눌 수 있다.

[표 2-1] 일반적인 입사/입학 포트폴리오의 기준 및 특징

이름	페이지 수(A3)	특징
회사	10페이지 이하 20~30페이지 30페이지 이상	강력한 이미지와 호기심 자극 전략
학교	제한 없음	스토리 위주, 본인 가치관 위주의 전달

입사를 위한 포트폴리오

입사를 목적으로 한 포트폴리오는 표지, 간지, 목차 등을 제외하고 20페이지 내외로 구성하는 것이 일반적이다. 하지만 목표하는 기업이 명확할 경우에는 해당 기업이 제시한 가이드라인에 따르는 것이 우선되어야 한다. 그 외에 다양한 회사에 지원할 계획이라면 보다 범용적인 구성을 갖춘 포트폴리오를 제작하는 전략이 필요하다.

이때 추천되는 구성 방식은 다음과 같다.

- 1~20페이지: 가장 대표적이고 강력한 프로젝트를 배치
- 20~30페이지: 개인 작업, 서브 프로젝트, 작업 과정 등 보조자료 배치

이와 같이 페이지 분배에 전략을 두면, 20페이지만 요구하는 기업부터 30페이지 이상을 요구하는 기업까지 하나의 포트폴리오로 여러 기업에 동시 지원할 수 있는 장점이 생긴다.

특정 회사를 목표로 하지 않고 여러 기업에 동시 지원하는 경우에는 '시선을 사로잡는 강력한 이미지와 호기심 유발 요소'가 매우 중요한 전략 포인트가 된다. 기업의 실무자는 하루에 수십~수백 개의 포트폴리오를 검토하게 되며, 이 짧은 시간 안에 눈에 띄지 못하면 탈락한다. 따라서 전체 구성에서 처음 몇 페이지는 심사자의 기억에 남을 인상적인 이미지와 명확한 메시지를 담아야 하며, 그들이 포트폴리오의 뒷부분까지 계속해서 보고 싶게 만드는 동기를 부여해야 한다.

유학을 위한 포트폴리오

유학을 위한 포트폴리오는 취업용 포트폴리오와는 성격이 매우 다르다. 가장 큰 차이점은 페이지 수에 제한이 없는 경우가 많다는 점이다. 이는 지원자의 성향과 가치관, 관심 분야 등을 더욱 깊이 이해하고자 하는 목적 때문이다. 따라서 결과물 중심으로 구성된 포트폴리오보다는 프로젝트가 어떻게 시작되고 발전해왔는지에 대한 '과정 중심'의 포트폴리오가 더욱 중요하게 평가된다.

유학용 포트폴리오는 다음과 같은 것을 중점에 두어야 한다.

- 디자인 과정의 흐름과 논리
- 프로젝트 발전 과정에서 고민과 선택의 기록
- 글과 이미지의 균형 잡힌 조합
- 자신만의 생각과 태도를 드러내는 서술

최종 산출물보다는 결과에 이르기까지의 과정, 즉 '왜 이런 결정을 내렸는가', '어떤 사고 과정을 거쳤는가'에 대한 설명이 풍부하게 담겨야 한다. 이는 프로젝트를 나열하는 것이 아니라, 자기 자신을 하나의 디자이너로서 서사적으로 풀어내는 작업이기 때문이다.

포트폴리오 전반에는 지원자가 어떤 건축적 문제에 관심이 있으며, 이를 어떤 시선으로 해석하고 해결해 나아가는지를 보여주는 일관된 태도와 문제의식이 담겨야 한다. 강렬한 이미지와 시선을 끄는 비주얼도 여전히 중요하지만, 그보다는 이미지 이면의 사고 구조와 프로젝트의 진정성이 더 큰 비중으로 평가되는 것이 유학 포트폴리오의 특징이다.

2 프로젝트 선택

포트폴리오 제작의 목표가 명확히 설정되었다면, 그다음은 어떤 프로젝트를 수록할 것인가를 결정하는 일이다. 프로젝트 선택은 단순한 나열이 아니라 전체 포트폴리오의 방향성과 깊이를 결정짓는 핵심 작업이다.

이때 프로젝트는 다음과 같이 세 가지 성격으로 분류해 볼 수 있다.

- **메인 프로젝트**
  졸업 작품, 대규모 공모전 수상작, 가장 자신 있는 핵심 프로젝트 등
  → 포트폴리오의 중심을 이루며, 전체 구조와 흐름을 주도한다.

- **서브 프로젝트**
  팀 작업, 수상하지 못한 공모전, 인턴 경험 등
  → 메인을 보완하며, 다양한 경험과 역량을 보여주는 역할을 한다.

- **기타/개인 작업물**

    건축 외 창작 활동, 교외 프로젝트, 스케치나 사진 등
    → 지원자의 성향, 관심사, 조형 감각 등을 드러내는 보조 자료로 활용된다.

적절한 분량과 구성 전략

많은 프로젝트를 포트폴리오에 담고 싶어 하는 경우가 있지만 양이 많다고 해서 더 좋은 포트폴리오가 되는 것은 아니다. 너무 많은 프로젝트는 각 프로젝트의 깊이를 약화시키고, 흐름을 단절시켜 보는 사람의 집중력을 떨어뜨릴 수 있다.

메인 프로젝트: 4~6개 수록(20~30페이지 기준)
→ 가능하다면 개인 작업 위주로 구성하고, 팀 작업은 두 개 이내로 제한
→ 특히 3~5학년 설계 작업물 중심이 유리
→ 발전 과정을 보여주고자 한다면 1~2학년 작업물도 선택적으로 수록 가능

서브 프로젝트: 10페이지 이상
→ 공모전, 팀 프로젝트, 인턴 작업물 등 다양하게 수록

기타/개인 작업: 10페이지 이내
→ 건축 외 프로젝트, 시각적 감각을 드러내는 작업물 위주
→ 스케치, 사진, 영상 스틸 컷, 개인 전시 등도 포함 가능
→ 적절한 서브 프로젝트가 없다면 메인 프로젝트의 깊이와 분량을 강화하는 방향

포트폴리오의 프로젝트 구성은 단순한 기술의 나열이 아니라 하나의 이야기 구조다. 무엇을 보여줄지보다 어떻게 보여줄지에 대한 전략적 선택이 핵심이며, 이를 통해 지원자는 단순한 설계자가 아닌 자신만의 건축적 태도와 관점을 가진 디자이너로서 인식될 수 있다.

[표 2-2] 프로젝트 분류

분류	프로젝트 개수	페이지 수(A3)	특징
메인 프로젝트	4~6개	20페이지 + @	필수 제출
서브 프로젝트	5개 이내	10페이지	생략 가능
기타/개인 작업물	-	10페이지 이하	20페이지 이하로 페이지 제한일 경우 생략 가능

3　프로젝트 성격

프로젝트 선택 다음 단계는 각 프로젝트의 성격과 강점을 파악하는 것이다. 이 과정에서 중요한 것은 본인이 다른 지원자와 차별화되는 무기를 명확히 설정하고 이를 전략적으로 드러내는 것이다.

　대표적인 전략 예시는 다음과 같다.

특정 분야 · 용도 · 콘셉트의 스페셜리스트
→ 예: '문화시설'에 특화된 설계, 지속 가능 건축에 특화된 디자인 등

다양한 분야 · 용도 · 콘셉트를 소화할 수 있는 디자이너
→ 여러 스케일, 프로그램, 콘셉트를 유연하게 다루는 능력

모형 제작 · 렌더링 등 시각화 능력에 강점
→ 완성도 높은 물리/디지털 모형, 사실적인 렌더링 구현 능력

> **실시도면 수준의 설계 능력 보유**
> → 디테일 도면, 시공 가능 수준의 작업 경험
>
> **건축 프로젝트의 발상과 접근 방식에 차별성**
> → 독창적인 문제 정의, 콘셉트 개발 방식

아직 뚜렷한 장점이 없다고 느껴지더라도 어떤 이미지로 포트폴리오를 채워나갈지 방향을 설정하면 제작 과정이 훨씬 수월해진다. 예를 들어 '실시도면 능력'을 강점으로 설정했다면 소규모 프로젝트의 상세도에서 시작해 점차 대규모 프로젝트의 디테일까지 발전하는 과정을 보여주는 식으로 성장 스토리를 구성할 수 있다.

4 프로젝트 순서

프로젝트를 선정하고 성격을 정의했다면 마지막으로 배치 순서를 결정해야 한다. 메인 프로젝트의 순서는 포트폴리오 인상을 좌우하는 중요한 요소다.

==첫 번째 프로젝트 = 최고의 퀄리티==

포트폴리오 평가자는 첫 프로젝트를 보고 지원자의 역량을 상당 부분 판단한다. 따라서 저학년 작업물이나 퀄리티가 떨어지는 프로젝트를 앞에 배치하는 것은 절대 피해야 한다. 잘못하면 첫 페이지만 보고 나머지는 보지 않는 경우도 생긴다.

> **추천 배치 방식**
> - 퀄리티 순서: 최고 퀄리티 → 낮은 퀄리티 순
> - 성격별 그룹 순서: 앞서 정의한 '프로젝트 성격'에 맞춘 그룹 배치
> - 예: '스페셜리스트 프로젝트 → 서브 프로젝트 → 개인 작업' 순

서브 프로젝트는 메인 프로젝트처럼 순서의 영향이 크지 않지만 흐름이 자연스럽도록 배치하면 좋다. 즉, 포트폴리오의 첫 페이지와 첫 프로젝트는 '승부처'다. 처음부터 보는 사람의 시선을 사로잡고, 끝까지 흥미를 유지시키는 구조를 만드는 것이 핵심이다.

5 프로젝트 제작 전략

프로젝트 제작 전략에서 가장 중요한 것은 시간이다. 시간이 무한하게 주어진다면 누구나 높은 퀄리티의 포트폴리오를 만들 수 있다. 그러나 회사·학교의 모집 일정 안에서 결과물을 완성해야 하므로 그에 맞는 일정 설계가 필수다. 포트폴리오 제작에는 최소 한 달 이상을 권장하며, 가장 원활하게 작업할 수 있는 기본 프로세스는 다음과 같다.

[표 2-3] 프로젝트 분류

1주차	1	목표/프로젝트 선정	회사/학교의 모집 일정 확인 포트폴리오에 수록할 프로젝트 분류 및 선정
	2	자료 수집	프로젝트 자료 정리 포트폴리오 제작 준비
2주차	3	레이아웃 결정	인디자인을 활용하여 레이아웃 제작
	4	포트폴리오 초안 제작	레이아웃에 프로젝트 이미지 삽입 재작업이 필요한 페이지 설정
3주차	5	페이지 재작업	일정 확인 페이지 재작업
4주차	6	1차 완성	포트폴리오 1차 완성
+@	7	2차 초안 제작	레이아웃 수정 및 보완이 필요한 페이지 설정
	8	2차 페이지 작업	포트폴리오 수정 및 보완
	9	완성	포트폴리오 완성

포트폴리오는 여러 번 반복 제작할수록 퀄리티가 상승한다. 1차 완성본을 빠르게 만든 뒤(전체 흐름 점검용) 재작업이 필요한 페이지의 규모와 난이도를 산정해 일정을 재배치하자. 이후 2차 정제를 거치면 완성도가 눈에 띄게 올라간다. 가능한 한 여유 있는 일정으로 시작하는 것이 가장 안전하다.

- 재작업이 권장되는 페이지
- 간지(프로젝트 표지)
- 메인 페이지(핵심 페이지)
- 기타 완성도가 떨어지는 페이지

간지와 메인 페이지는 포트폴리오의 '각인'을 좌우하는 최중요 페이지다. 높은 완성도의 이미지가 없다면 가급적 재제작을 권장한다.

P·O·R·T·F·O·L·I·O

Chapter

3

레이아웃 구성

1 레이아웃(Layout)

레이아웃이란 포트폴리오의 큰 틀과 윤곽을 의미하며, 어떤 방식을 선택하느냐에 따라 전체 퀄리티가 크게 좌우된다. 아무리 좋은 프로젝트라 할지라도 가독성이 떨어지거나, 위계가 불분명하거나, 전체적인 균형이 부족하면 완성도 높은 포트폴리오라 할 수 없다. 프로젝트에는 정답이 없지만, 레이아웃에는 균형감을 유지하기 위한 몇 가지 정석이 존재한다.

레이아웃을 제작하기 전에 반드시 확인해야 할 사항이 있다. 첫 번째는 제출 대상인 기업이나 학교에서 요구하는 규격이다. 아무리 멋진 포트폴리오라 하더라도 제출 규격과 맞지 않으면 좋은 작업물이라 할 수 없다. 대표적인 제출 형식은 A4 혹은 A3이다. 모든 포트폴리오를 A3 규격으로 제작할 경우 A4만을 요구하는 기관에는 제출이 어려우므로 전략적으로는 A4 레이아웃 제작이 권장된다.

[그림 3-1]과 같이 포트폴리오의 기본 단위는 A4 한 장으로 완성된 페이지이며, 두 장이 나란히 배치된 스프레드(spread)에서도 균형감을 느낄 수 있도록 계획해야 한다. 단, 간지나 메인 페이지처럼 강한 인상을 주어야 하는 일부 페이지는 A3 형식을 활용하여 시각적 효과를 강화한다.

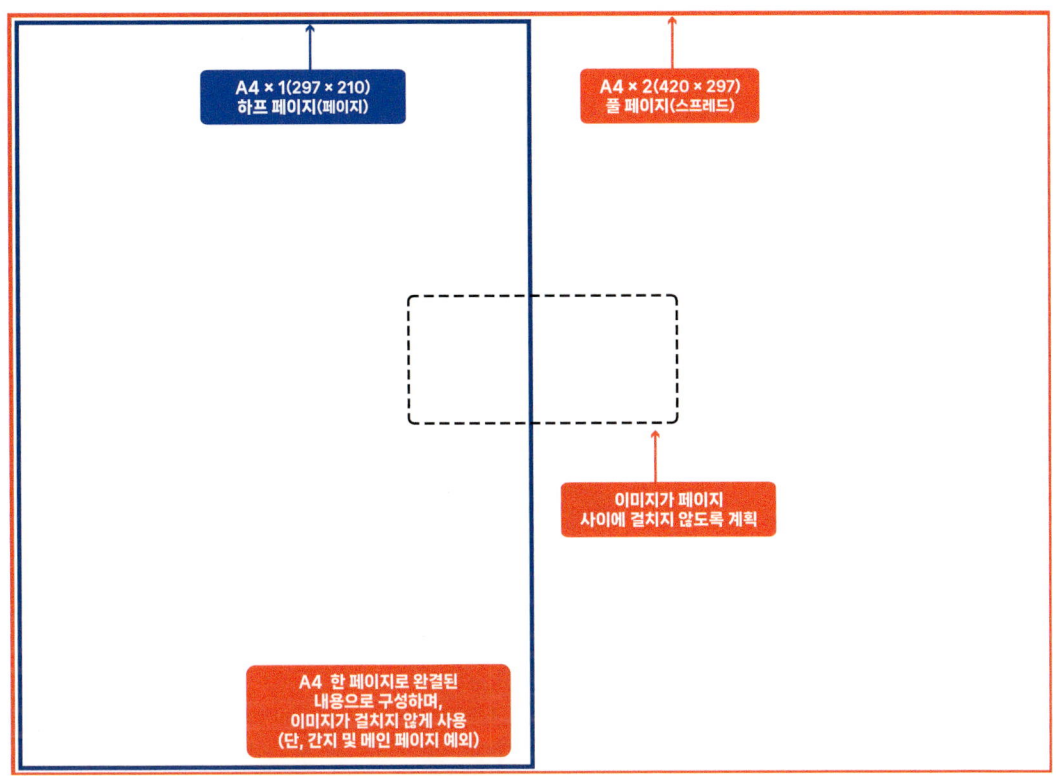

[그림 3-1] 레이아웃 전략

1-1 레이아웃 관련 용어 정리

① 풀 페이지(Full Page)/스프레드(Spread) 형식

　　A4 세로 2장과 동일한 크기(A3: 420×297mm)

　　프로젝트의 메인 이미지를 강조할 때 사용

② 하프 페이지(Half Page)/페이지(Page) 형식

　　A4 세로 1장 크기(210×297mm)

　　서브 이미지, 분석 다이어그램 등에 활용

③ 1/2 페이지 형식

하프 페이지를 다시 반으로 분할한 레이아웃

소규모 다이어그램, 텍스트 블록 삽입 시 활용

④ 1/3 페이지 형식

하프 페이지를 1/3로 나눈 레이아웃

작은 그래프, 캡션 중심의 레이아웃에 적합

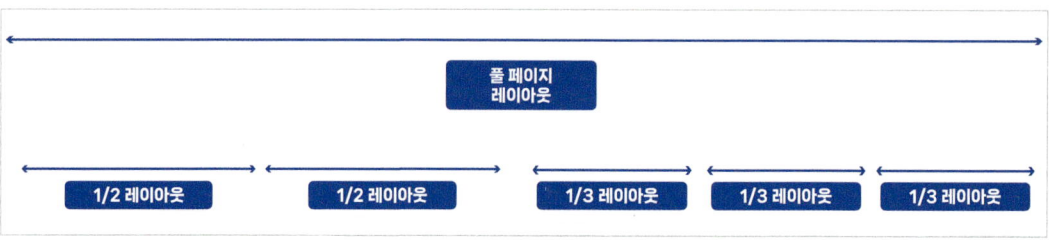

[그림 3-2] 레이아웃 용어

2 페이지 제작

2-1 머리말/꼬리말/페이지 수

레이아웃 제작 시 가장 먼저 고려해야 할 요소는 머리말(header)과 꼬리말(footer)이다. 일반적으로 머리말과 꼬리말은 날짜·저자·페이지 수 등을 표기해 정보를 전달하지만, 포트폴리오에서는 이미지와 도면이 무한히 확장되지 않도록 잡아주는 프레임(frame) 역할을 한다. 따라서 머리말과 꼬리말을 적절히 배치하면 페이지 전체가 정돈되어 보이며, 균형감 있는 구성이 가능하다.

권장되는 머리말/꼬리말 내용

- ✓ 포트폴리오 제목
- ✓ 프로젝트 주제
- ✓ 저자명
- ✓ 페이지 수

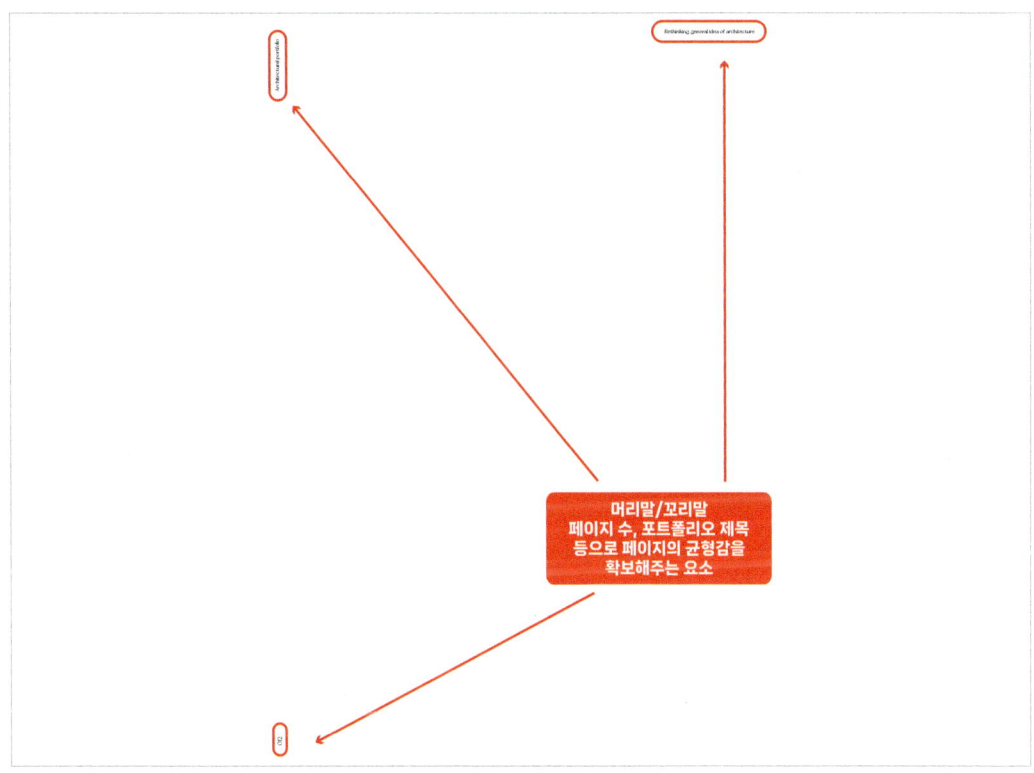

[그림 3-3] 머리말/꼬리말

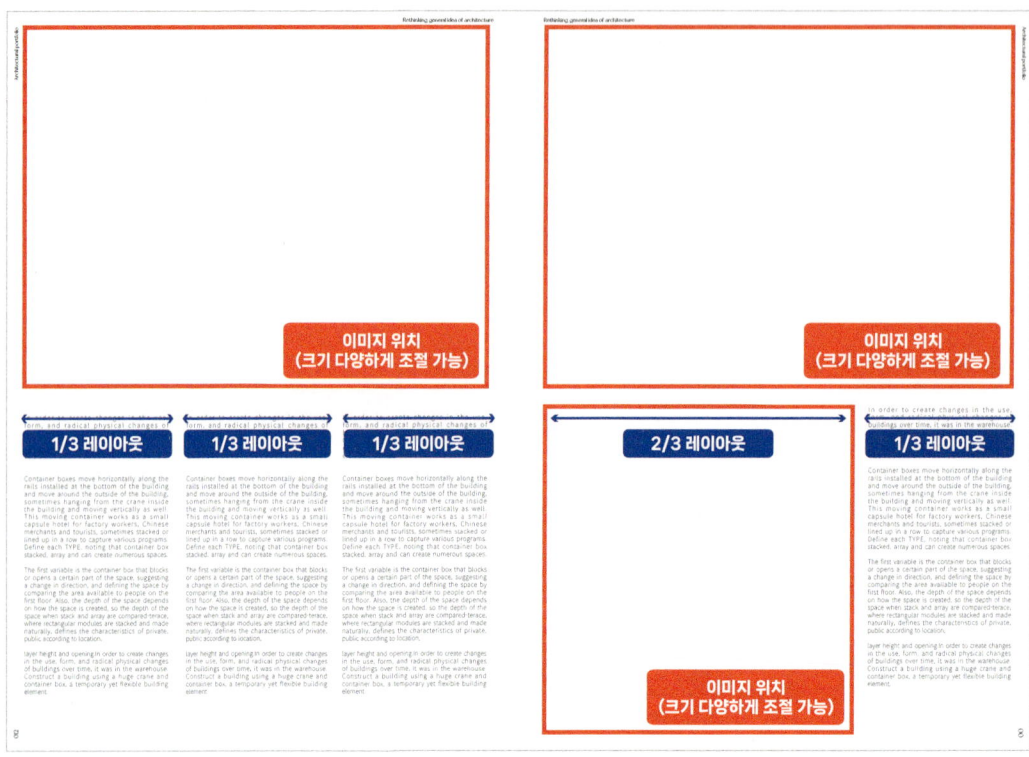

[그림 3-4] 1/3 레이아웃

2-2 마스터 페이지 제작

머리말과 꼬리말을 일괄 적용했다면 그다음 단계는 마스터 페이지(Master Page) 제작이다. 마스터 페이지는 포트폴리오 전반의 기본이 되는 레이아웃으로 대부분의 페이지는 이를 기준으로 구성된다. 다만 프로젝트의 성격이나 이미지 종류에 따라 다양한 레이아웃이 필요할 수 있으므로 권장되는 마스터 페이지 수는 3~4개 내외이다. 그 이상을 사용하면 통일성이 약해지므로 주의해야 한다.

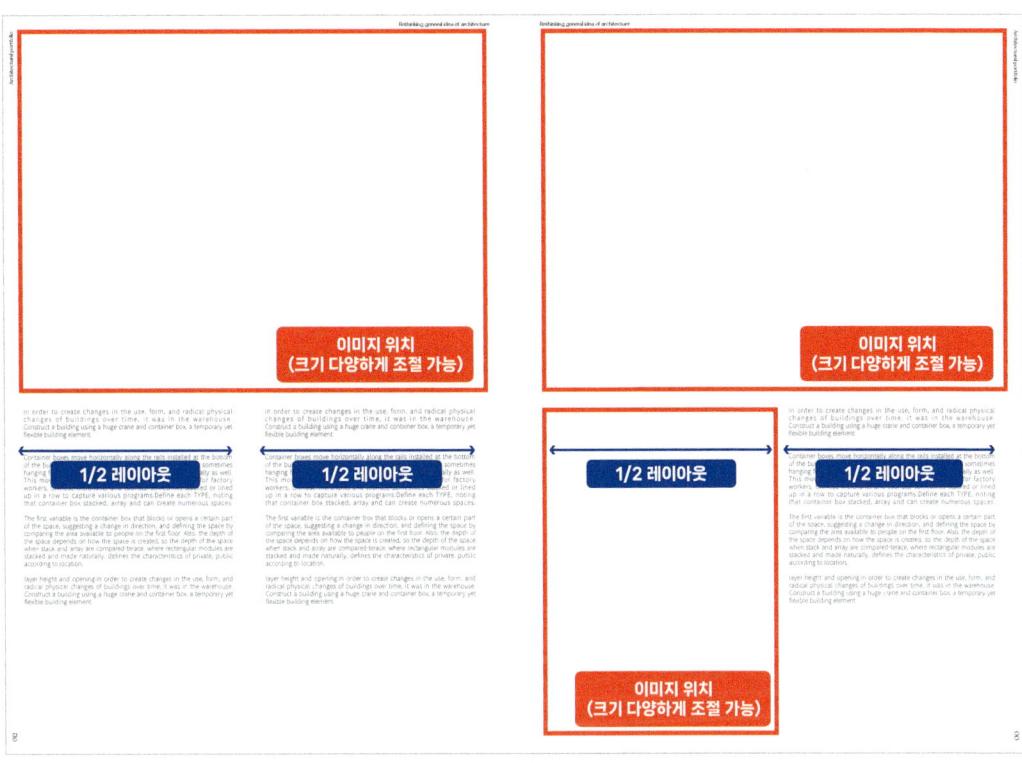

[그림 3-5] 1/2 레이아웃

권장 마스터 페이지 유형

- ✓ 1/2 레이아웃
- ✓ 1/3 레이아웃
- ✓ 풀 페이지 레이아웃

2-3 텍스트(Text)

텍스트는 포트폴리오의 레이아웃에서 이미지만큼이나 중요한 요소이다. 많은 사람들이 이미지 중심의 포트폴리오를 '볼거리가 풍부하다'고 생각하지만, 같은 이미지를 사용하더라도 텍스트와의 비례와 배치가 맞아떨어질 때 훨씬 더 세련되고 완성도 높은 결과물이 된다. 텍스트는 보조적 요소가 아니라 내용을 풍부하게 하고 전체의 구성을 정돈하는 역할을 한다는 점을 잊어서는 안 된다.

반드시 유념해야 할 점은, 이미지가 많다고 해서 좋은 포트폴리오가 되는 것은 아니라는 점이다. 지나친 이미지 나열은 이야기의 흐름을 방해하고 산만함을 유발할 수 있다. 적절한 분량의 이미지와 이를 정돈하는 텍스트 배치가 균형을 이루어야 비로소 포트폴리오의 퀄리티가 상승한다.

프로젝트의 본문을 작성할 때는 주로 1/2 레이아웃이나 1/3 레이아웃을 활용하여 텍스트를 충분히 기입하는 것이 좋다. 텍스트의 크기는 보통 3~4mm 이하로 유지하며, 작은 크기의 텍스트를 일정 분량 이상 채워 넣을 경우 내용의 밀도와 레이아웃의 안정감을 동시에 확보할 수 있다. 이렇게 하면 빈 공간을 메우는 차원을 넘어 프로젝트의 흐름과 서사를 효과적으로 전달하는 도구로 기능할 수 있다.

2-4 개별 레이아웃

마스터 페이지를 활용하면 포트폴리오 전체가 균형감 있고 통일성 있게 구성되어 퀄리티가 높아진다. 그러나 특정 페이지는 의도적으로 마스터 페이지를 벗어나야 할 때가 있다. 예를 들어 분위기를 환기시키거나, 프로젝트의 위계를 선명하게 드러내고 싶을 때 새로운 레이아웃을 사용한다.

개별 레이아웃 페이지의 경우 표지·목차·소개 페이지는 최대한 간결하게 정리하며, 간지·메인 페이지는 최대한 강력한 이미지가 부각될 수 있도록 제작하는 것을 권장한다(특수한 페이지 레이아웃의 경우 이후 챕터에서 깊게 다룸).

개별 레이아웃 사용 권장 페이지(전체의 10% 내외)
- ✓ 표지
- ✓ 목차 및 소개
- ✓ 간지 페이지

[표 3-1] 프로젝트 수록 순서

수록 순서		내용
프로젝트 표지	간지	가장 강력한 이미지 1
시작 단계	분석	대지 분석
		사용자 분석
		현상 분석
진행 단계	본문	다이어그램
		형태 분석
		시스템 분석
		프로젝트 흐름
핵심	메인 페이지	가장 강력한 이미지 2
결론		도면, 모형, 투시도 등 건축적 표현 방식

3 프로젝트의 표현 – 색

포트폴리오에 수록되는 이미지(drawing)는 대부분 프로젝트 참여 당시 제작된 산출물일 것이다. 그러나 포트폴리오를 새롭게 구성하는 과정에서는 프로젝트의 흐름상 빈틈을 메우기 위해 이미지를 새로 제작해야 하는 경우가 있고, 개인의 건축적 표현 방식이 발전함에 따라 '새로운 강력한 이미지(간지, 메인 페이지 등)'를 추가로 제작해야 할 필요도 있다. 또한 완전히 새로운 이미지를 제작하지 않더라도 기존 이미지를 일부 변형하거나 함께 배치되는 이미지의 순서를 정리하는 것만으로도 장점을 극대화할 수 있다. 따라서 프로젝트 이미지를 표현하는 전략을 적극적으로 고려하는 것이 중요하다.

3-1 키 컬러(Key Color, 강조색)

키 컬러란 특정한 색상을 선택하여 프로젝트 이미지 전반에서 중요한 부분을 강조하는 방식이다. 주요 표현이나 핵심 의도가 담긴 요소를 동일한 색으로 처리함으로써 보는 사람이 어느 부분이 중요한지 빠르게 인식할 수 있다. 동시에 전체적인 통일감이 강화되어 프로젝트의 이해도 또한 높아진다.

특히 선 위주의 도면, 흑백·회색 위주의 작업, 증축·리모델링 프로젝트, 도시 규모의 프로젝트 등에서 키 컬러를 적용하면 효과가 극대화된다.

3-2 미니멀리즘(Minimalism) 표현

미니멀리즘 표현은 불필요한 소스나 의미 없는 장식을 절제하고 핵심 부분만을 강조하여 차분하고 깔끔한 이미지를 만드는 방법이다. 요소를 배제하기만 하면 퀄리티가 낮아 보일 수 있으므로 소스는 유지하되 색조나 채도를 줄여 시각적 비중을 낮추는 방식이 효과적이다.

다이어그램 등에서 텍스트가 반드시 필요한 경우가 있다. 이때는 이미지 위에 직접 텍스트를 겹쳐 쓰는 대신 숫자 번호를 붙이고, 외곽에 범례(legend)나 주석(annotation)을 배치하는 것이 바람직하다. 이렇게 하면 이미지의 형태적 표현과 텍스트 정보가 충돌하지 않고 조화롭게 전달된다.

3-3 맥시멀리즘(Maximalism) 표현

맥시멀리즘은 소스와 장식적인 요소를 풍부하게 활용하여 이미지를 최대한 화려하고 밀도 있게 구성하는 방식이다. 다양한 프로그램 툴의 기능과 제작자의 노력을 느낄 수 있어 보는 사람에게 강한 인상을 남길 수 있다.

이 표현 방식은 시간과 노력이 많이 소요되므로 간지, 메인 페이지, 프로젝트의 핵심 장면 등 가장 중요한 부분에 집중적으로 사용하는 것이 효과적이다.

3-4 톤 앤드 매너(Tone and Manner)

톤 앤드 매너는 포트폴리오에 수록된 이미지들의 전반적인 퀄리티를 좌우하는 핵심 요소다. 앞서 설명한 키 컬러와 미니멀리즘 역시 톤 앤드 매너를 강화하는 방식이라 할 수 있다. 결국 톤 앤드 매너의 본질은 색감의 조절에 있다.

> **고퀄리티의 건축 포트폴리오 이미지는 대부분 다음과 같은 특징이 있다.**
>
> 채도가 낮고,
> 주요 표현 부위의 명도·색조가 상대적으로 높으며,
> 재료나 질감이 적절히 표현되어 있다.

채도를 낮추면 이미지는 전반적으로 흑백에 가까워지는데, 이는 강렬한 원색 대비보다 훨씬 균형감 있고 세련된 인상을 준다. 다만, 모든 부분을 무채색으로 처리하면 단조로워지므로 핵심 부위만 색조를 높여 강조하는 것이 이상적이다.

색이 적용된 면에는 재질감을 함께 표현하는 것이 효과적이다. 특정 재료의 물성이 드러나는 부분은 실제 재료의 질감을 표현하고, 그렇지 않은 경우라면 노이즈나 비네트(Vinette) 효과를 활용해 단순한 색면이 지루하게 보이지 않게 처리한다.

[표 3-2] **프로젝트의 톤 앤드 매너**

	키 컬러	미니멀리즘 표현	맥시멀리즘 표현	톤 앤드 매너
특징	통일성, 위계 표현 유리	기타 부분을 단순화하여 위계 표현	가장 강력한 이미지 표현 방식	이미지 전체의 채도와 색조 조정
권장 드로잉	선 위주의 드로잉이 많은 프로젝트/증축, 도시, 리모델링 프로젝트 등	소스 등의 위계를 최소화, 이미지 위에 들어가는 글자 등은 범례, 주석으로 대체	메인 페이지, 간지 등 본인을 각인시켜야 하는 페이지에 적용	대부분의 드로잉에 적용
작업 방식	이미지/도면에 포함된 주요 부분의 색을 변경하여 작업	채도 조정, 이미지 위에 글자 비권장	다양한 소스와 선 요소 등을 중첩하여 사용하되, 주요 부분과 건축물이 너무 가려지지 않도록 함	전체 채도 ↓ 주요 부분 색조 ↑ 재질 표현
적용	하나의 프로젝트에 통일된 키 컬러 사용	글자가 들어간 이미지, 위계 정돈이 필요한 이미지마다 적용	간지, 메인 페이지, 전시용 드로잉 등에 적용	대부분의 드로잉에 적용

4 레이아웃 + 표현 주의사항

건축 포트폴리오의 퀄리티는 레이아웃과 삽입된 이미지의 퀄리티에만 달려 있지 않다. 같은 이미지라 하더라도 어떻게 배치되고 어떤 의도로 설명되는지에 따라 결과물의 완성도가 크게 달라진다. 특히 이미지 배치 순서가 친절한 설명 위주로 흐르거나, 반대로 의도가 모호하게 드러날 경우 전체적인 설득력이 현저히 떨어진다. 따라서 레이아웃과 이미지를 다루는 태도는 '정리'가 아니라 '표현'이라는 관점에서 접근해야 한다.

4-1 보고서처럼 제작하지 않기

포트폴리오 제작에서 가장 흔히 발생하는 오류는 프로젝트를 보고서처럼 풀어내는 것이다. 보고서는 객관적인 지표와 데이터를 직관적으로 설명하고 설득하는 데 목적이 있지만, 포트폴리오는 다르다. 포트폴리오는 본인의 해석과 시선을 중심에 두어야 하며, 단순한 차트나 그래프로 설명을 대체해서는 안 된다.

프로젝트의 성격상 지표나 수치가 필요한 경우가 있을 수 있다. 이럴 때는 자료를 그대로 가져오기보다는 본인의 콘셉트와 해석에 맞게 재해석하거나 기존 현황과 결합시켜 하나의 이미지로 제시하는 것이 바람직하다. 즉, '데이터'가 아니라 '나의 건축적 시선'을 드러내야 한다.

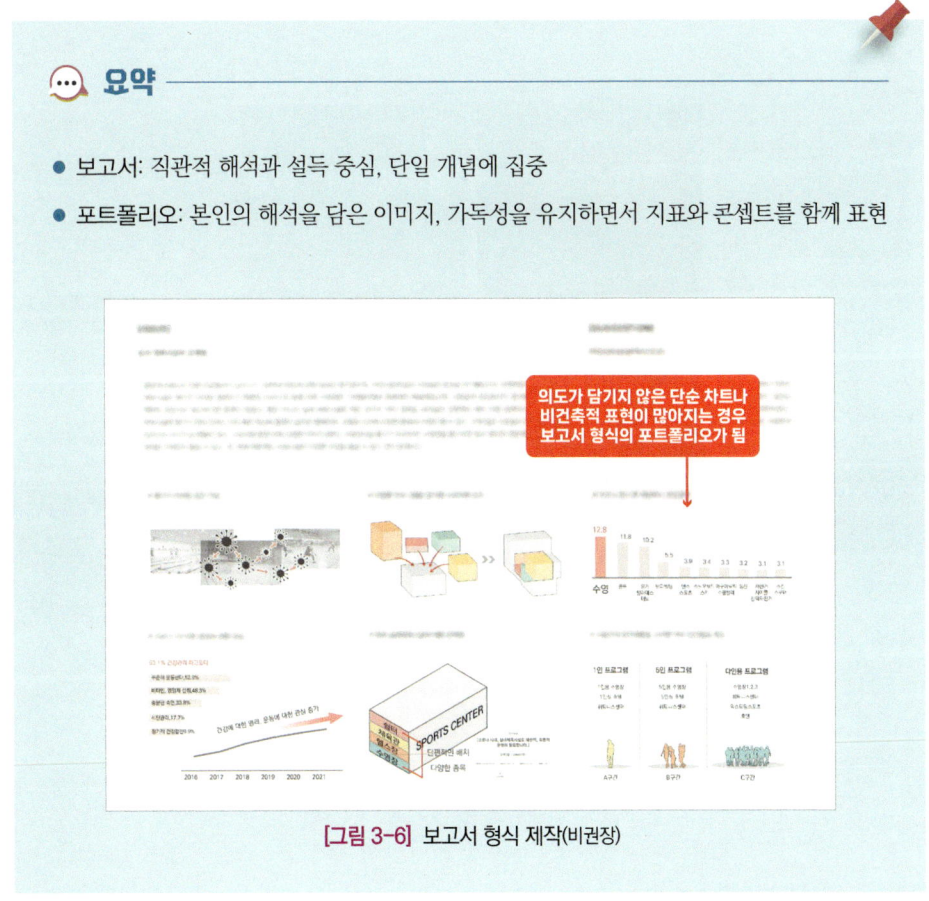

[그림 3-6] 보고서 형식 제작(비권장)

4-2 너무 많은 이미지 배치하지 않기

포트폴리오의 완성도를 떨어뜨리는 또 다른 문제는 한 페이지에 과도하게 많은 이미지를 넣는 것이다. 이미지는 많을수록 볼거리가 많아 보일 수 있지만, 실제로는 시선이 분산되어 전달력이 약해진다. 따라서 한 페이지에 담기는 이미지의 개수는 제한을 두는 것이 좋다.

예를 들어 하프 페이지(A4 기준)에는 최대 4개 정도가 적절하며, 1/2 레이아웃에서는 이미지 2개와 텍스트, 1/3 레이아웃에서는 이미지 3~4개와 텍스트 구성이 권장된다. 또한 이미지를 잘라 붙이는 방식이 아니라, 페이지의 외곽선에 맞추거나 배경을 투명하게 처리하는 등 디자인적인 정리가 동반되어야 깔끔한 인상을 줄 수 있다.

[그림 3-7] 너무 많은 이미지 배치(비권장)

권장 레이아웃 구성

- ✓ 하프 페이지: 최대 4개
- ✓ 1/2 레이아웃: 2개 이미지 + 텍스트
- ✓ 1/3 레이아웃: 3~4개 이미지 + 텍스트
- ✓ 이미지 테두리는 최소화, 페이지와 자연스럽게 연결

4-3 친절한 흐름 지양하기

건축 포트폴리오는 교과서나 설명 자료가 아니다. 보는 사람에게 친절히 가르치고 이해시키는 데 목적을 두는 순간 작품은 개성이 사라지고 단순한 기록물로 전락한다. 포트폴리오는 본인의 작품을 설득하고 더 나아가 자랑하고 뽐내는 무대다. 따라서 지나치게 기초적이거나 상식적인 내용을 드로잉으로 풀어내는 것은 기대치를 낮추는 결과를 낳는다.

   이미지는 가독성을 유지해야 하지만 동시에 보는 사람에게 호기심을 불러일으켜야 한다. 너무 친절하게 설명하는 대신 의도적으로 여백을 두고 보는 이가 스스로 질문을 떠올리게 만드는 것이 효과적이다. 이때 단순한 그래프나 외부 참조 이미지는 최대한 배제하고, 동일한 내용이라도 본인이 재해석한 방식으로 제시하는 것이 필요하다. 기초적인 내용은 간단한 텍스트로 정리하는 정도면 충분하다.

포트폴리오의 전략 및 흐름

- ✓ **포트폴리오 = 설명서가 아님** → 표현 · 설득 · 자랑의 무대
- ✓ 디테일/기초적인 드로잉은 기대치를 낮춤
- ✓ 텍스트로 간단히 정리하되, 이미지는 반드시 재해석 · 재구성 필요

5 기타 추가 표현

포트폴리오 혹은 출판물을 제작할 때 프로젝트의 구성이나 이미지의 퀄리티만으로 전체 완성도가 결정되지는 않는다. 때로는 사소해 보이는 요소들이 전체의 균형을 잡아주고, 한 단계 높은 퀄리티를 만들어내는 역할을 하기도 한다. 특히 건축 포트폴리오에서는 이러한 보조적 표현 장치들이 작품의 전문성을 강화하고 작업물을 '정리된 결과물'처럼 보이게 한다. 단순하고 작은 디테일일지라도 전체의 인상을 크게 변화시킬 수 있다는 점에서 반드시 고려해야 할 부분이다.

5-1 보이지 않는 선(여백)

동일한 크기의 여백을 일정하게 유지하면 페이지 전체가 안정적으로 보이고 균형이 맞춰진다. 의도적인 여백은 단순히 빈 공간이 아니라 디자인을 숨 쉬게 하는 장치다.

5-2 이미지 제목과 선(line)

이미지마다 간단한 제목을 붙여주는 것만으로도 작품의 완성도가 높아진다. 제목은 이미지의 성격을 규정하고, 보는 사람이 내용을 빠르게 파악할 수 있도록 돕는다.

[그림 3-8] 이미지의 제목/선

5-3 그리드 활용

도면이나 규격화된 이미지를 배치할 때는 배경에 얇은 그리드를 추가하면 효과적이다. 이는 단조로워 보일 수 있는 빈 배경을 채워주며, 이미지에 정제된 전문성을 부여한다.

5-4 이미지와 겹치는 텍스트 지양

이미지 위에 글자를 직접 얹는 방식은 가독성을 해치고, 전체적인 퀄리티를 떨어뜨린다. 필요한 경우 주석이나 외곽의 텍스트 라인을 활용하는 것이 바람직하다.

5-5 외부 참조 이미지 및 픽토그램 최소화

대상지 사진이나 외부 레퍼런스 이미지를 그대로 사용하는 것은 지양해야 한다. 단순 참조가 아니라 반드시 재가공을 통해 본인의 해석이 담긴 이미지로 변환하여 사용하는 것이 좋다.

포트폴리오의 표현
- ✓ 여백 = 균형 유지 장치
- ✓ 이미지에 제목 부여 → 완성도 상승
- ✓ 그리드 → 배경 보완, 전문성 강화
- ✓ 이미지와 텍스트는 겹치지 않도록 함
- ✓ 외부 이미지는 반드시 재가공 후 사용

6 포트폴리오 제출

포트폴리오 제출 방식은 크게 A3(전체 페이지)와 A4(하프 페이지)로 구분된다. 각각의 제출 방식은 크기 차이에서 끝나지 않고 구성 전략과 표현 방식에도 영향을 미친다. 따라서 어떤 규격으로 제출할지를 먼저 확인하고 이에 맞추어 포트폴리오를 재구성해야 한다.

6-1 A3 제출

이미 전체 페이지 단위로 제작된 포트폴리오라면 기본 구성을 그대로 제출하면 된다. 주의해야 할 점은 페이지 제한이다. 제출 조건에 따라 제한이 엄격할 수 있으므로 이에 맞추어 포트폴리오를 재조합해야 한다.

20페이지 이하라면 메인 프로젝트 위주로 압축 구성한다. 20페이지 이상 제출이 가능하다면 메인 프로젝트에 더해 서브 프로젝트나 개인 프로젝트를 포함시켜 폭넓게 보여주는 것이 좋다.

6-2 A4 제출

대부분의 포트폴리오는 A4 규격에서도 무리 없이 조합할 수 있도록 제작되어 있다. 따라서 제출 시에는 페이지 제한에 맞게 골라내는 방식으로 구성하면 된다. 문제는 A3 풀 페이지(간지, 메인 페이지 등) 같은 경우다. 이 경우 단순 축소로는 완성도가 떨어질 수 있으므로 A4 규격에 맞게 재구성해야 한다. 예를 들어 하나의 큰 이미지를 절반 크기로 줄여 A4 한 페이지 전체에 채우는 방식으로 조정하면 된다.

A3 제출 시	A4 제출 시
✓ 페이지 제한 엄수	✓ 기본 페이지는 그대로 조합 가능
✓ 20페이지 이하 → 메인 프로젝트 중심	✓ A3 전용 페이지(간지, 메인 등)는 반드시 A4 규격에 맞게 재편집
✓ 20페이지 이상 → 메인 + 서브 + 개인 프로젝트 포함	

프로젝트의 내용

수록 순서		내용
프로젝트 표지	간지	가장 강력한 이미지1
시작 단계	분석	대지 분석
		사용자 분석
		현상 분석
진행 단계	본문	다이어그램
		형태 분석
		시스템 분석
		프로젝트 흐름
핵심	메인 페이지	가장 강력한 이미지2
결론 단계		도면, 모형, 투시도 등 건축적 표현 방식

- **대지 분석**(Site Analysis): 사진, 콜라주, 그래프 등을 활용한 대상지 특성 분석
- **사용자 분석**(User Analysis): 대상·사용자의 행태나 요구 분석(그래프, 인터뷰 시각화 등)
- **현상 분석**(Phenomena Analysis): 건축 이외의 사회적·기후적·환경적 등의 현상 분석
- **다이어그램**(Diagram): 디자인 의도를 시각적으로 설명하는 드로잉

디자인 유형

- **실험적 디자인**(Experimental Design): 학부 포트폴리오에 흔히 등장, 건축 외 학문 연계·현상 분석 기반
- **구현 가능성이 높은 디자인**(Practical Design): 실무 중심, 도면·구조적 합리성이 강조
- **메커니컬 디자인**(Mechanical Design): 현상 분석에 기반한 객관적 디자인
- **내러티브 디자인**(Narrative Design): 주관적 의도를 스토리텔링 방식으로 풀어낸 디자인

디자인 발전 개념
- 형태 파악(Form Development): 최종 결과물의 형태를 찾아가는 과정
- 유형학(Typology): 다양한 대안을 통한 형태 실험
- 프로토타입(Prototype): 초기 아이디어가 담긴 출발점 형태

표현 방법(Representation)
- 극사실주의(Hyper-realistic)
  재질, 빛, 반사 등 모든 요소를 현실감 있게 표현
  실제 건축물에 가까운 시각적 충실도 필요
- 개념적(Conceptual) 표현
  사실적 묘사보다는 '의도 전달'에 집중
  콜라주, 단순화된 드로잉, 카툰 스타일 표현 등 다양
  단, 건축 포트폴리오에서는 과도한 노이즈나 과장된 스케치 효과는 지양
- 라인 드로잉(Line drawing)
  도면을 포함한 선으로 이루어진 드로잉
  전체의 형태를 보여주기 위한 투상도 제작 시 유리하며
  개념적 드로잉으로 효과적인 표현 방법

P·O·R·T·F·O·L·I·O

Chapter

4

포트폴리오 제작하기
- 표지, 소개, 목차

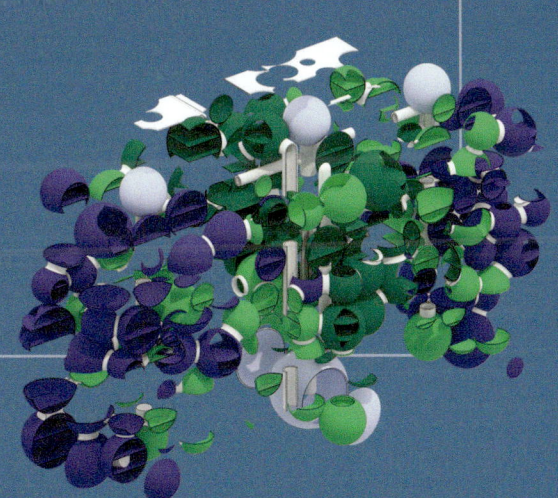

1 표지 제작

포트폴리오에서 표지는 단순한 겉표지가 아니다.

  표지는 가장 먼저 마주하는 이미지이자 첫인상을 결정짓는 시작점이다. 건축물의 파사드(facade)처럼 표지는 포트폴리오 전체의 분위기를 암시하며, 보는 사람의 관심을 끌고 그다음 장을 넘기도록 유도하는 중요한 장치다. 따라서 '보기 좋은' 정도를 넘어서 의도와 메시지가 담긴 디자인이 요구된다.

  포트폴리오의 표지는 목적과 표현 방식에 따라 크게 세 가지로 나누어볼 수 있다.

1-1 의도된 이미지가 있는 표지

포트폴리오의 표지는 단순한 장식이 아니다. 그것은 독자·심사자가 가장 먼저 마주하게 되는 페이지이며, 포트폴리오의 인상을 좌우하는 중요한 시작점이다. 건축물이 거리에서 주는 첫인상처럼 표지는 그 자체로 독자의 관심을 끌고, 앞으로 펼쳐질 내용을 예고하며, 저자가 어떤 사고를 가진 사람인지를 은연중에 드러낸다.

  가장 권장되는 표지 디자인 방식은 바로 '의도된 이미지가 있는 표지'다. 이는 표지 자체에 분명한 메시지와 방향성을 담고 있는 방식으로, 포트폴리오를 단순히 결과물의 나열로 보지 않고 하나의 완결된 메시지를 전달하는 매체로 접근하는 태도에서 비롯된다.

  이런 표지는 다음과 같은 질문에 답을 가지고 있다:

나는 어떤 건축을 지향하는가?
나는 어떤 표현 방식을 즐겨 사용하는가?
나는 건축을 통해 무엇을 이야기하고 싶은가?

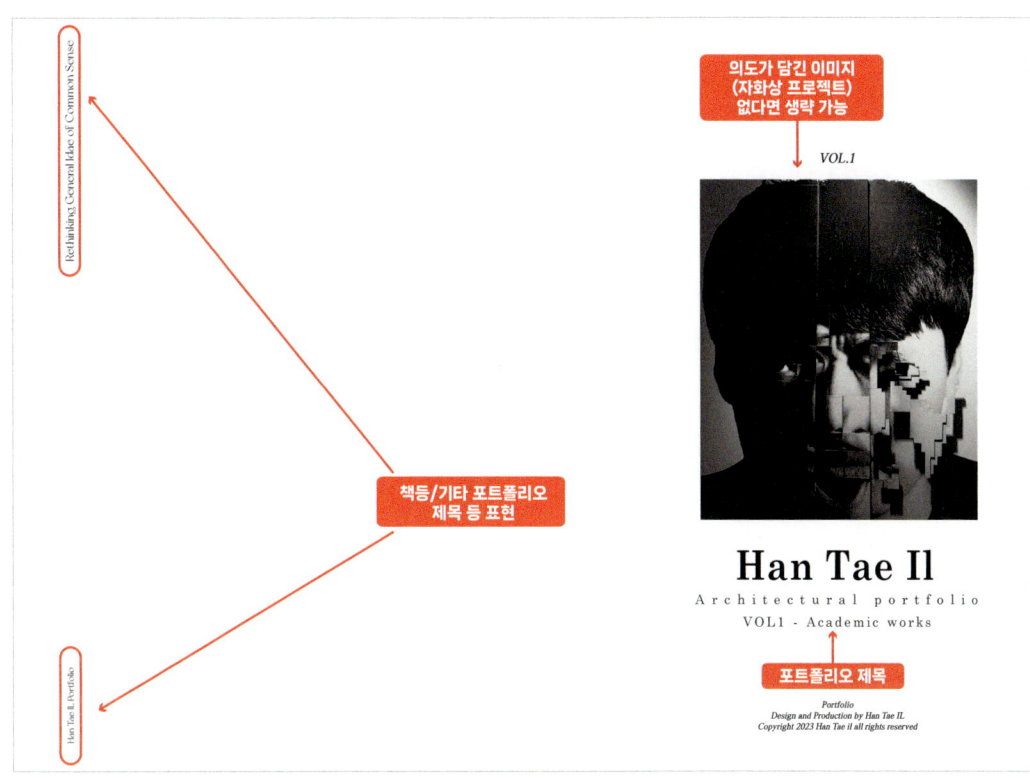

[그림 4-1] 의도된 이미지가 있는 표지

　예를 들어 반복과 패턴을 중요하게 생각하는 사람이라면 그것을 시각화한 이미지나 다이어그램이 표지를 장식할 수 있고, 재료성에 관심이 많은 사람이라면 물성에 대한 탐구를 담은 사진이나 질감 위주의 그래픽이 늘어갈 수도 있다. 또는 자신이 설계한 대표 프로젝트 중 하나를 상징적으로 압축할 수 있는 이미지를 선택해 사용하는 것도 훌륭한 방법이다.

　중요한 것은 표지가 단순히 '예쁜 이미지'가 아니라 자신의 철학을 담은 이미지여야 한다는 점이다. 보는 이는 단 한 장의 이미지로부터 '이 사람이 무엇에 주목하는 건축가인지', '어떤 생각을 하고 작업을 풀어가는 사람인지'에 대한 실마리를 얻게 된다. 이러한 표지는 독자가 책장을 넘기기 전 이미 저자에 대해 질문을 던지게 만든다. 그리고 그 질문에 대한 답을 찾아보는 여정이 곧 포트폴리오의 본문이 된다.

결국 의도된 이미지가 있는 표지는 작가의 건축적 정체성과 포트폴리오 전체의 방향성을 한 장에 응축하는 강력한 장치가 된다. 건축물이 갖는 파사드의 역할처럼 표지는 저자와 독자 사이의 첫 번째 대화이자 가장 명확한 초대장이다.

1-2 의도가 없는 이미지가 있는 표지

[그림 4-2] 의도가 없는 이미지가 있는 표지

두 번째 유형은 '의도가 없는 이미지가 있는 표지'다. 이는 세 가지 방향성 중 가장 피해야 할 방식이라 할 수 있다.

많은 이들이 표지가 허전해 보인다는 이유만으로 별다른 의미나 메시지 없이 무작위의 선, 도형, 외부 이미지를 덧붙이곤 한다. 이는 작가들이 흔히 하는 실수인데 디자인을 보완한다기보다는 불필요한 시각적 잡음을 추가하는 결과를 낳는다.

[그림 4-2]를 보면 명확한 설계적 메시지 없이 화면을 가로지르는 선이나 면이 배치되어 있다. 이러한 장식은 특정 스타일을 의도한 것이 아니라면 '공백이 어색해서 채운' 것에 불과하다. 물론 포트폴리오 전체가 특정 '키 컬러'나 반복적인 시각 요소(예: 그리드, 선, 도형 등)를 통해 일관된 디자인 언어를 사용하고 있다면 그 일부로 표지를 구성하는 것은 효과적일 수 있다. 그러한 맥락 없이 삽입된 이미지나 장식은 디자인의 방향성을 모호하게 만들고 시선을 분산시킨다.

포트폴리오는 디자인 감각뿐 아니라 사고의 명확성을 보여주는 작업이다. 그러므로 이미지가 반드시 필요한 것이 아니라면 괜한 장식 대신 의도된 공백을 활용하거나 타이포그래피만으로 정제된 구성을 만드는 것이 훨씬 더 나은 선택이 될 수 있다.

1-3 글자로 구성된 표지

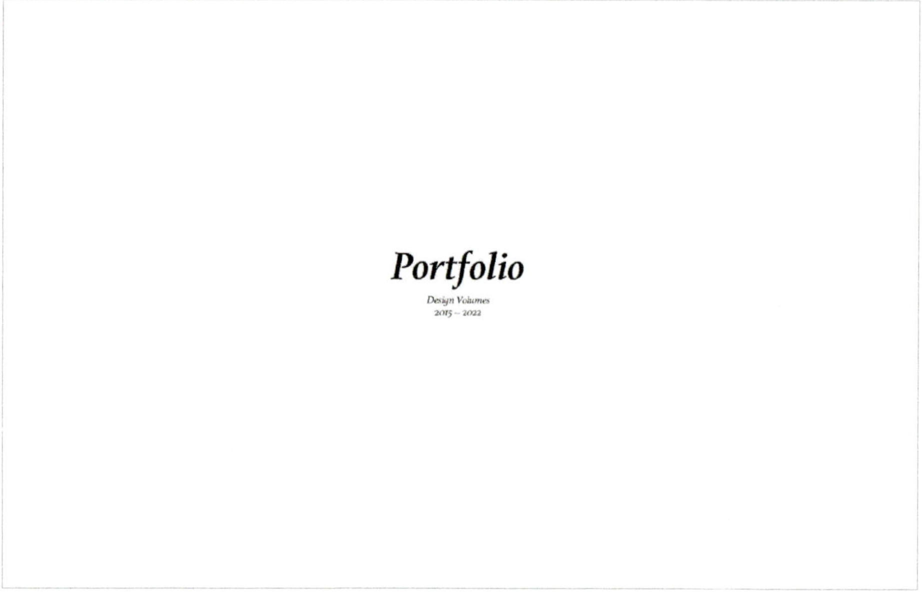

[그림 4-3] 글자로 구성된 표지

세 번째는 이름이나 단순 텍스트만으로 구성된 표지다. '의도된 이미지가 있는 표지'에 비하면 표현력이 제한적일 수 있지만 가장 안전하면서도 효과적인 대안이 될 수 있다.

  많은 포트폴리오가 여러 개의 프로젝트를 묶어 구성되는 만큼 하나의 명확한 메시지를 도출하거나 이를 대표할 이미지를 설정하는 것이 쉽지 않다.

  특히 학기별·시즌별로 제작된 프로젝트를 한데 엮는 경우 개별 작업 간의 성격이 다르기 때문에 이를 포괄하는 표지 이미지를 급하게 만들다 보면 얕고 어색한 결과물이 나올 수 있다. 이러한 상황에서 의미 없는 이미지를 억지로 넣기보다는 차라리 작가의 이름이나 'Architecture Portfolio' 같은 간결한 텍스트만으로 표지를 구성하는 것이 훨씬 더 미니멀하고 안정적인 인상을 준다.

단, 이처럼 텍스트 중심의 표지를 선택할 경우 타이포그래피에 더 세심한 주의를 기울여야 한다. 글자 크기, 자간, 줄 간격(행간), 위치, 정렬 방식, 폰트의 선택까지 모든 요소가 이미지 이상의 비중을 차지하게 된다. 이러한 표지는 디자인 감각과 정리 능력을 더 잘 드러낼 수도 있다.

결론적으로, 강한 이미지 없이도 잘 설계된 텍스트 기반의 표지는 강력한 인상을 충분히 줄 수 있다. 중요한 것은 표지가 '무엇을 담고 있는가'가 아니라 '어떻게 담고 있는가'이다.

2 소개 제작

포트폴리오의 표지가 완성되었다면 다음 단계는 소개(Intro) 페이지의 구성이다. 소개 페이지는 포트폴리오의 첫 장을 여는 인사말과 같다. 독자에게 자신을 소개하고 앞으로 어떤 이야기를 펼쳐나갈지 암시하는 역할을 한다.

앞서 언급했듯이 표지, 소개, 목차 등의 페이지는 포트폴리오 전체 페이지 제한에서 제외되는 경우가 많기 때문에 단순히 넘기지 말고 1~3장 분량으로 아름답고 정갈하게 구성하는 것이 하나의 전략이 될 수 있다. 경우에 따라 이들 역시 페이지 제한에 포함될 수 있으므로 해당 조건에 따라 분량과 구성을 조정할 필요가 있다.

[표 4-1] 소개 페이지에 필요한 요소

이름	필수 여부	기타
1. 간단한 사진	선택	증명사진/일상사진 중 용도에 맞게 선택
2. 학력	필수	학사~석사 등
3. 경험		공모전 참여/취미/해외 프로젝트 등 다양하게 서술
4. 기술		컴퓨터 활용 능력 표현
5. 흥미/관심 분야		4~5줄의 문장으로 관심 분야 표현
6. 자격증 　어학 성적 　봉사활동 　수상 경험	권장	- - - -

2-1 간단한 사진

자신의 얼굴을 담은 정사각형의 간단한 사진을 포함하는 것도 좋다. 이는 독자에게 작가를 시각적으로 소개하는 수단이 될 수 있으며, 포트폴리오에 인간적인 온기를 더하는 요소가 되기도 한다.

사진의 성격은 지원하는 곳의 분위기에 따라 다르게 선택하는 것이 좋다. 정적인 기업이나 기관에는 격식을 차린 증명사진이 어울리고, 개방적이고 창의성을 중시하는 환경이라면 위트 있는 일상 사진도 좋은 선택이다.

단, 증명사진을 사용할 경우 페이지 전체 분위기가 딱딱해질 수 있으므로 포트폴리오의 전체 톤과 어울리는 방향으로 선택해야 한다.

2-2 학력

자신의 학사, 석사, 박사 등 학력 정보를 간결하게 서술한다.

건축 분야에서는 학력보다 포트폴리오의 완성도나 작업 경험이 훨씬 더 큰 비중을 차지하므로 학력 항목을 부담스럽게 여길 필요는 없다. 간단명료하게 작성하되, 주요 전공이나 졸업 작품이 인상 깊었다면 한두 줄 정도 설명을 덧붙일 수 있다.

2-3 경험

본인의 경험 중 건축과 직접적으로 연관된 활동을 중심으로 기술하되, 짧고 간결하게 정리하는 것이 좋다.

> **다음과 같은 것들이 포함될 수 있다:**
> - 국내외 건축 답사 및 워크숍
> - 공모전 참여
> - 건축 관련 기행, 사진 작업
> - 해외 인턴십이나 프로젝트 참여

중요한 것은 경험의 양이 아니라 밀도이다. 단순한 여행이나 일반적인 활동은 가급적 제외하고, 나만의 관점이 드러나는 특별한 경험 위주로 서술해야 한다.

2-4 기술 역량

자신이 사용할 수 있는 디자인 및 그래픽 툴에 대해 모델링/렌더링/드로잉/편집 도구 등으로 분류하여 명확하게 정리한다.

> **예를 들어:**
> | 모델링 | Rhino, SketchUp, Revit 등 |
> | 렌더링 | V-Ray, Lumion, Enscape 등 |
> | 드로잉 | AutoCAD, Adobe Illustrator 등 |
> | 편집/디자인 | Photoshop, InDesign 등 |

잘 다루지 못하는 프로그램이더라도 어느 정도 활용 가능하다면 솔직하게 포함해도 괜찮다. 기술 수준을 '기초/중급/고급' 등으로 간단히 분류하면 가독성을 높일 수 있다.

2-5 흥미/관심 분야

자신이 관심을 두고 탐구해온 건축적 주제나 앞으로 나아가고 싶은 방향에 대해 8~10줄 내외로 간결하게 작성한다. 지속 가능성, 재료 탐구, 도시 맥락 해석, 디지털 파브리케이션, 사회적 건축 등 본인의 방향성과 연계되는 키워드를 중심으로 서술하자.

이 항목은 자기소개서와 유사하지만 선언적이고 딱딱한 글보다는 자연스러운 진심과 방향성을 담는 것이 좋다. 특정 기업이나 학교에 제출할 포트폴리오라면 그곳의 철학이나 지향점과 본인의 가치관을 일부 겹치게 언급하는 것도 전략이 될 수 있다.

2-6 자격증, 어학, 수상, 기타 활동

- 건축 관련 자격증(건축기사, 실내건축기사 등)
- 어학 성적(TOEFL, OPIc 등)
- 봉사 활동 및 리더십 경험
- 수상 이력(공모전, 장학금 등)

이 항목은 있는 경우만 기입하면 되며, 부족한 부분을 억지로 채울 필요는 없다. 실제로 많은 사람들이 이 영역에서 부담을 느끼고 빈칸을 채우기 위해 무리하게 서술하는 경우가 있는데, 불완전한 '스펙'보다는 완성도 높은 '내용'이 더 중요하다. 이럴 경우 1~5번 항목의 내용에 힘을 주어 페이지를 안정감 있게 구성하는 것이 더 효과적이다.

※ **자신 있는 항목은 강조하고, 부족한 항목은 과감히 생략하라. 이것이 소개 페이지 구성의 핵심 전략이다.**

[그림 4-4] 소개 페이지

3 목차 제작

목차는 말 그대로 포트폴리오에 수록된 프로젝트들을 나열하는 페이지다. 겉보기에 단순해 보일 수 있지만, 목차는 전체 포트폴리오의 구조를 이해시키고 프로젝트들의 흐름과 성격을 한눈에 전달하는 중요한 역할을 한다. 목차는 전체 페이지 수에는 포함되지 않는 경우가 많으며, 프로젝트의 이름만 나열하는 방식에서 벗어나 다양한 전략을 통해 더 효과적으로 구성할 수 있다.

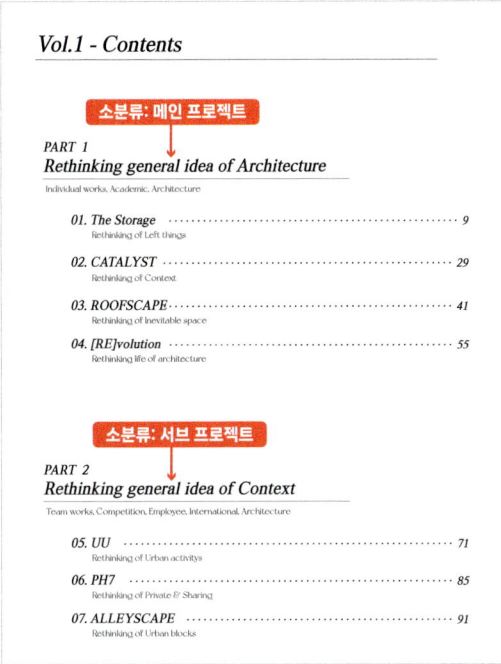

[그림 4-5] 목차 페이지 [그림 4-6] 섬네일을 활용한 목차 페이지

3-1 대분류 > 소분류 방식

첫 번째 전략은 프로젝트들을 하나의 흐름으로 나열하기 전에 대분류로 먼저 구분한 후에 해당 분류 아래에 프로젝트들을 정리하는 방식이다. 대표적으로는 다음과 같은 분류가 있다:

- Main Projects(메인 프로젝트 3~4개)
- Personal Works(개인 프로젝트 2~3개)
- 개인 작업/Etc. Works(기타 작업, 외부 작업 등)

이러한 방식은 단순 나열에서 벗어나 작가가 어떤 관점으로 프로젝트를 분류했는지를 보여주고, 각 섹션이 독립된 주제를 가지고 있거나, 같은 어휘적 흐름을 갖고 있는지를 통해 포트폴리오의 짜임새를 높일 수 있다. 이를 통해 독자는 각 프로젝트에 더 깊이 있고 체계적인 이해를 갖게 되며, 작가의 기획력과 정리 능력을 자연스럽게 느끼게 된다.

3-2 섬네일을 활용하여 목차 페이지와 전체 프로젝트를 구성하는 방식

두 번째 전략은 각 프로젝트에 대해 '작은 섬네일(Thumbnail)'을 함께 배치하여 구성하는 방식이다. 섬네일은 프로젝트를 대표할 수 있는 이미지 또는 시각적 단서를 제공하며, 아래와 같은 형태로 제작할 수 있다:

- 프로젝트를 상징하는 아이콘 혹은 다이어그램
- 콘셉트를 시각화한 키 컬러 기반의 이미지
- 투시도나 스케치의 일부 클로즈업 컷

이 방식은 보는 이에게 단순 텍스트 이상의 시각적 기억을 남기게 하고, 포트폴리오 전체를 더욱 감각적으로 구성할 수 있게 한다. 다만 섬네일은 어디까지나 '소개'의 용도이므로, 지나치게 복잡하거나 많은 정보를 담는 것은 피하는 것이 좋다. 간결하고 미니멀한 이미지가 효과적이다. 이후 본문에서 충분히 많은 이미지와 설명이 등장할 예정이기 때문에 목차에서는 '포인트'를 전달하는 것이 중요하다.

3-3 기타 프로젝트별 간단 정보 기입

마지막으로는 각 프로젝트 항목에 간단한 키워드나 정보를 병기하는 전략이다. 심사자·독자 들은 많은 포트폴리오를 짧은 시간 안에 검토해야 하므로, 단 몇 초 안에 프로젝트의 방향성을 파악할 수 있도록 돕는 것이 중요하다.

예를 들어 각 항목 옆에 아래와 같은 정보를 배치하는 것이다:

- 대상지(Location)
- 용도(Program)
- 주요 사용자(Target User)
- 콘셉트(Concept)
- 디자인 키워드(Design Vocabulary)
- 규모(Area, Height 등)

이러한 정보는 짧고 직관적인 키워드 형태로 제시하는 것이 효과적이며, 본문에서 서술할 프로젝트 설명과 중복되지 않도록 주의해야 한다. 간결하지만 전략적인 이 정보들은 심사자에게 '이 프로젝트가 어떤 이야기인지'를 빠르게 인식시켜주고 본문을 읽기 전에 기대감과 맥락을 심어줄 수 있다.

P·O·R·T·F·O·L·I·O

Chapter

5

포트폴리오 제작하기
― 간지, 분석, 본문

1 간지 제작

간지(間紙)란 책에서 목차 구분이나 큰 단락의 전환을 위해 삽입하는 종이를 의미한다. 건축 포트폴리오에서도 마찬가지로 프로젝트의 경계를 명확히 하고 새로운 챕터가 시작됨을 알리는 장치로 활용된다. 앞서 언급했듯이 포트폴리오를 심사하는 위원들은 하루에도 수십 개의 포트폴리오를 넘겨본다. 현실적으로 모든 페이지와 프로젝트를 처음부터 끝까지 완벽히 집중해 파악하는 것은 거의 불가능하다. 실제로 심사 과정에서 프로젝트가 바뀐 사실조차 눈치채지 못하는 경우도 흔하다.

　이런 이유로 간지는 장식이 아니라 '이제부터 다른 프로젝트가 시작된다'는 강력한 신호를 주는 장치가 되어야 한다. 또한 페이지를 넘기는 순간 심사자의 시선을 사로잡아 다음 내용을 기대하게 만드는 역할을 한다. 간지가 곧 해당 프로젝트의 첫 번째 인상이며, 가장 강렬한 이미지가 되어야 한다는 뜻이다. 즉, 간지는 프로젝트의 분위기를 환기시키고 동시에 새로운 몰입을 유도하는 시작점이 되어야 한다.

　다만 문제점은, 많은 지원자들이 간지로 사용할 만한 '완성도 높은' 이미지를 확보하지 못한다는 점이다. 이 경우 낮은 퀄리티의 이미지를 억지로 쓰기보다는 새롭게 제작하는 편이 훨씬 낫다. (자세한 제작 방법은 Chapter 2의 5 참고)

[그림 5-1] 프로젝트의 간지

1-1 형태 전체를 보여주는 렌더링

가장 많이 사용되는 방법은 건물의 형태 전체를 보여주는 렌더링이다. 이 경우 다음 사항을 유의해야 한다

[그림 5-2] 간지, 형태 전체를 보여주는 렌더링

프로젝트 #1 The storage
의도: 독특한 건축물 형태를 보여주고자 렌더링 표현 선택, 조감도의 경우 주변 등에 가려져 비효과적일 수 있으므로 투시도 선택 · 역광 · glare · snow 등을 활용하여 미래지향적인 분위기와 개념적인 느낌을 주고자 하였음
작업방식: Rhino & Grasshopper modeling + Lumion + Adobe tools

(1) 조감도보다는 투시도를 활용하자

조감도는 눈높이보다 높은 위치에서 건물을 내려다보는 시점으로, 대체로 건물의 디테일이 약하게 드러난다. 게다가 주변 환경이 더 많이 노출되기 때문에 배경 퀄리티가 낮다면 전체 완성도가 떨어져 보일 수 있다.

심사위원들은 실무에서 조감도를 자주 보기 때문에 포트폴리오에서 차별성을 주기 어렵다. 따라서 간지에는 조감도보다는 시선이 건물과 더 가까운 투시도를 사용하는 것이 유리하다.

[그림 5-3] 간지, Conceptual rendering

(2) 극사실적 렌더링보다 개념적 렌더링 권장

많은 학생들이 현실적인 질감 표현에 집중한 극사실적 렌더링(Hyper-realistic Rendering)에 집착하지만 실무 수준의 퀄리티를 따라잡지 못하는 경우가 많다. 그 결과 오히려 식상하고 매력이 떨어지는 이미지가 될 수 있다. 반면 개념적 렌더링(Conceptual Rendering)은 제작 시간이 짧고 프로그램 요구 수준도 낮으며, 무엇보다 프로젝트의 핵심 콘셉트를 직접적으로 전달할 수 있다.

심사위원의 시선을 사로잡기 위해서는 현실 재현보다 작품의 개성을 드러내는 이미지 제작에 더 많은 비중을 두는 것이 효과적이다.

1-2 콘셉트를 보여주는 콜라주

콜라주는 프로젝트의 콘셉트를 직관적으로 전달할 수 있는 가장 효과적인 표현 기법이다. 모델링이나 렌더링 과정을 거치지 않기 때문에 제작 시간이 짧고, 감각적인 이미지 제작이 가능하다.

따라서 특정 프로젝트에 모델링이 없거나 시간이 부족한 경우 콜라주는 전략적인 대안이 될 수 있다. 또한 모델링 · 렌더링 중심의 포트폴리오에서도 콜라주 간지를 배치하면 전체 분위기에 변화를 주고, 표현 방식의 다양성을 보여줄 수 있다.

(1) 위계(Hierarchy)

위계는 콜라주 이미지 제작에서 가장 중요한 요소다. 콜라주는 다양한 사진과 소스를 조합하여 만들기 때문에 색상 · 투명도 · 대비를 적절히 활용해 시각적 우선순위를 명확히 설정해야 한다. 그렇지 않으면 정보가 뒤섞여 보는 사람이 의도를 읽기 어렵게 된다.

불필요하거나 중요하지 않은 요소는 흑백 처리하거나 불투명도를 낮춰 흐릿하게 만드는 등의 기법을 사용하면 핵심 메시지가 더 또렷하게 전달된다.

[그림 5-4] 간지, 콜라주

프로젝트 #6 PH7
의도: 기존 대상지에 위치한 건축물 상부에 사용자들이 필요에 의해 만들어놓은 공간을 강조. 대상지에서 찍은 사진을 전체적으로 색조/채도를 낮춰 불필요한 부분을 간결하게 만든 뒤 강조할 부분만 붉은색으로 강조함. 단순 사진의 채도 변경만으로 끝내는 것이 아니라 추가적인 선과 글자 등으로 조금 더 드로잉의 퀄리티를 높이고자 하였음
작업방식: 현장사진 + Adobe tools

1-3 공간을 보여주는 부분투시도

프로젝트에서 특정 공간이 주는 분위기나 콘셉트를 가장 잘 드러내는 장면이 있다면 그 부분만을 선택해 투시도로 제작하는 것은 매우 효과적인 전략이다. 부분투시도는 전체 공간을 모두 표현할 필요가 없으므로 주변 환경이나 불필요한 요소에 시간을 소모하지 않아도 된다.

[그림 5-5] 간지, 공간을 보여주는 투시도

> **프로젝트 #2 Catalyst**
> **의도:** 투시도의 왜곡과 렌즈 거리를 가깝게 배치하여 조금 더 넓은 공간감을 주고자 하였음. 건축물 내부에 외부와 소통할 수 있다는 점을 강조하고자 하였으며, 건축물에 배치된 철골기둥과 철골보를 수직/수평으로 최대한 정렬하여 액자 같은 느낌을 주고자 하였음. Conceptual한 렌더링이지만 조금더 사실적인 식재들을 가까운 곳에 배치하여 렌더링이 주는 느낌을 살리고자 하였음
> **작업방식:** Rhino modeling + Lumion + Adobe tools

다만, 확대된 시점을 사용하는 만큼 충분한 디테일 확보가 필수다. 투시도가 렌더링이든 라인드로잉이든, 조감도나 전체투시도보다 시점이 가깝기 때문에 재료의 물성(Materiality)과 질감(Texture) 표현, 그리고 빛의 방향에 따른 그림자(Shadow casting), 휴먼 스케일(Human scale)은 반드시 고려되어야 한다.

이러한 요소들이 충실하게 반영될 때 부분투시도는 공간의 본질과 디자인 의도를 강렬하게 전달할 수 있다.

1-4 간지로 활용할 수 있는 모형 사진

모형 사진은 작업 과정에 투입된 노력과 건축적인 조형미 그리고 현실성을 직관적으로 보여준다. 때로는 이러한 물리적 실체감이 렌더링, 투시도, 콜라주보다 더 강력한 시각적 무기가 될 수 있다.

(1) 전체가 아닌 투시도 사진 활용

건축 모형을 제작할 때 주변 환경까지 완벽하게 구현하는 것은 현실적으로 부담이 크다. 특히 조감도로 촬영할 경우 모형이 끝나는 경계가 어색하게 드러날 수 있다. 포토샵 등 편집 작업으로 이를 보완할 수 있지만 모형 사진은 전체 형태를 담기보다 핵심 공간을 투시도 시점으로 촬영하는 것이 훨씬 효과적이다.

전체 형태를 보여줄 필요가 있다면 간지 페이지가 아닌 본문에서 라인 드로잉이나 평면·단면·조감도를 통해 표현하고, 간지에 쓰이는 이미지는 투시도 모형 사진으로 대체하는 것이 좋다.

(2) 미니멀한 색감과 표현

모형 사진은 색상이 단순할수록 설득력이 높아진다. 다양한 재료로 인해 4~5가지 이상의 색이 들어간 경우 불필요하거나 중요하지 않은 색상의 채도와 명도를 낮춰 주요 요소가 시각적으로 부각되도록 해야 한다.

가장 추천되는 색 구성은 흰색과 검은색을 기본으로, 여기에 프로젝트의 콘셉트를 상징하는 키 컬러 1~2가지를 더하는 방식이다. 이렇게 하면 모형의 디테일과 형태가 색의 혼란에 묻히지 않고 포트폴리오의 시각적 일관성도 높아진다.

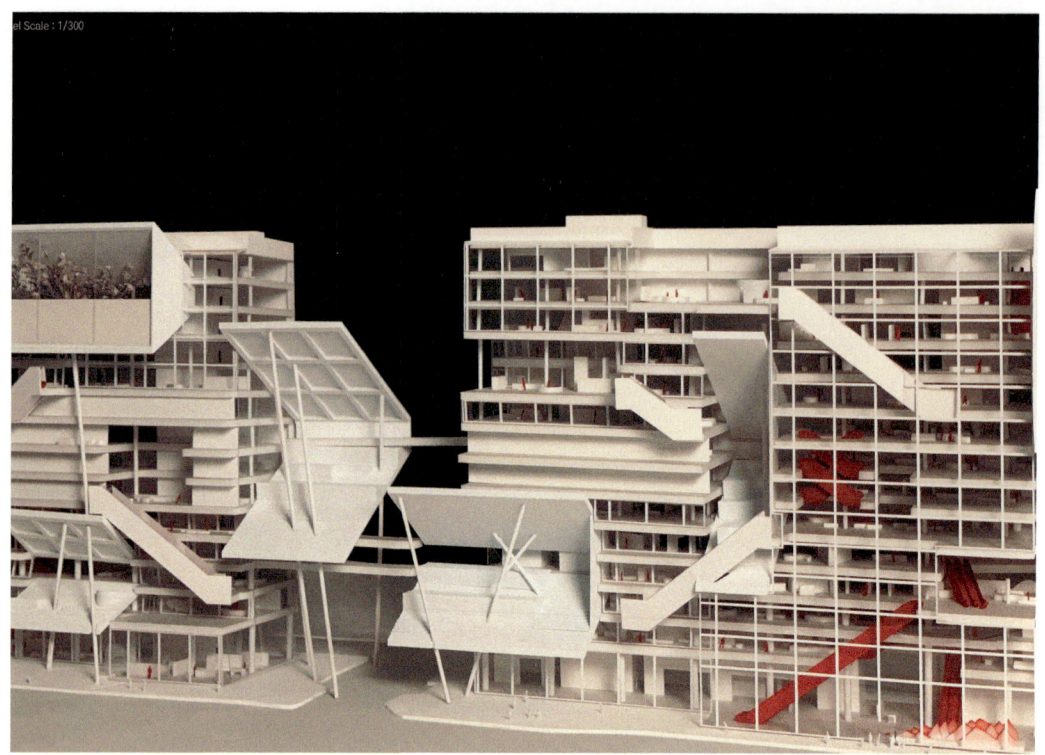

[그림 5-6] 간지, 모형 사진

1-5 프로젝트 개요 작성

간지에 들어갈 이미지를 완성했다면 시각 요소만 배치하는 데서 그치지 말고 간단한 텍스트를 함께 기입하여 페이지의 완성도를 높이는 것이 좋다. 적절한 분량의 텍스트는 화면의 레이아웃을 안정감 있게 잡아주며, 독자가 프로젝트를 직관적으로 이해하도록 돕는다.

[그림 5-7] 간지에 들어가는 텍스트

의도: 각각의 간지 우측 상단에 제목과 대상지, 콘셉트, 프로젝트 기간 등을 간결하게 작성
제목과 설명을 구분하는 선을 이용하여 레이아웃을 정돈하였고, 선의 색은 프로젝트를 대표하는 선 색을 사용

프로젝트 개요에 포함할 요소

- ✓ 프로젝트 제목(필수)
- ✓ 개인 작업/공동 작업 여부(필수)
- ✓ 용도(선택) – 예: 주거, 문화시설, 교육시설 등
- ✓ 기간(선택) – 설계 및 제작 기간
- ✓ 대상지(선택) – 위치 및 간략한 지역 설명
- ✓ 주요 콘셉트(선택) – 프로젝트의 핵심 아이디어나 디자인 방향
- ✓ 참여·진행 과정(인턴·실시 프로젝트일 경우 필수) – 맡은 역할과 기여도

프로젝트별 전략 수립

간지 페이지가 마무리되면 프로젝트의 구체적인 내용을 전개할 차례이다. 분석, 형태, 결론 순으로 이어지는 전개에 앞서 반드시 본인의 프로젝트 성격을 먼저 규정할 필요가 있다. 프로젝트의 성격에 따라 설명 방식, 표현 전략, 강조해야 할 포인트가 달라지기 때문이다. 건축학 프로젝트는 크게 두 가지 성격으로 분류할 수 있다.

서사 기반 프로젝트(Narrative Design Project)

특징
- 주관적 해석이 중심
- 특정 대상지와 유저(User)에 대한 개인적 관점과 상상력이 반영
- 형태적 판단이 본인의 해석과 의도에 의해 도출됨
- 실무 프로젝트 대부분이 여기에 해당

전략
- 설득이 가장 중요한 포인트
- 본인이 말하고자 하는 바를 명확하게 보여주는 투시도, 모형 사진 등이 핵심
- 결론이 단순 주장에 머물지 않고 '충분한 과정과 스터디'를 통해 도출되었음을 표현해야 함
- 이야기를 명쾌하고 직관적으로 전달하여 동의하지 않는 사람도 과정의 가치와 건축적 논리를 인정할 수 있게 해야 함

표현 키워드
- 투시도, 모형 사진, 다이어그램
- 공간감 강조, 이용자의 행위 삽입
- 서사적 흐름(스토리라인) 구축

분석 기반 프로젝트(Mechanical Design Project)

특징
- 객관적 지표와 현상 분석이 중심
- 사회적, 환경적, 기후적, 생물학적 현상 등 객관적 문제 정의에서 출발

- 실험적·학부 프로젝트에서 많이 사용됨
- 형태는 분석적 과정의 결과물

전략
- 분석의 충실성 확보가 핵심
- 모든 이가 공감할 수 있는 객관적 자료(차트, 표, 그래프 등) 제시
- 현상 → 분석 → 형태로 이어지는 흐름에서 누락이나 도약이 없어야 함
- 특정 형태가 '나올 수밖에 없는' 필연성을 강력하게 어필해야 함

표현 키워드
- 차트, 그래프, 데이터 시각화
- 시스템 다이어그램, 기능 모식도
- 분석의 객관성, 과정의 투명성

Narrative design
디자이너의 이야기, 세계관, 주제를 중심으로 프로젝트가 전개되는 방식
건축이 단순한 기능과 데이터의 합이 아니라 메시지, 상징, 스토리를 담는 매체가 될 때 효과적이다.

Mechanical design
객관적 근거와 데이터를 토대로 프로젝트가 발전하는 방식
도시 맥락, 법규, 프로그램 분석, 환경 데이터 같은 외부 조건이 건축의 형태와 공간을 결정한다.

구분	Narrative design	Mechanical design
출발점	건축가의 사상, 메시지, 주관	데이터 및 현상 분석
표현 방식	콜라주, 스케치, 콘셉트 드로잉 등	다이어그램, 차트, 표 등
장점	독창성, 공감, 건축적 어휘	합리성, 생각의 전환, 아이디어의 가치
약점	설득이 부족한 경우, 건축적 논리가 부족한 경우 취약	분석의 오류가 있거나, 건축적이지 않을 수 있음
수록 방법	스토리텔링 중심, 감각적이고 건축적인 이미지	분석 중심, 생각을 재고할 수 있는 이미지와 차트
주의사항	일반적인 건축 프로젝트이지 않도록 차별성 필요	분석이 건축화되는 과정에서 크게 생략되지 않도록 함

😁 어떻게 선택할까?

- 프로젝트의 출발점이 나의 생각/이야기인가? → Narrative에 가깝다.
- 프로젝트의 출발점이 객관적 데이터나 분석 자료인가? → Mechanical에 가깝다.
- 실제로는 두 가지가 혼합되는 경우가 많지만, 포트폴리오에서는 어느 쪽에 무게를 두었는지 명확하게 표현하는 편이 훨씬 강한 인상을 준다.

2 본문 페이지 제작

간지 제작이 완료되었다면, 이제 프로젝트의 핵심 내용을 담는 본문을 구성할 차례다.

본문은 일반적으로 다음과 같은 순서로 전개된다.

- **콘셉트 요약** – 프로젝트를 관통하는 핵심 아이디어와 흐름 정리
- **분석** – 초기 리서치, 대상지 분석, 사용자 분석, 현상 분석
- **시스템 및 형태 제안** – 건물의 작동 방식 및 형태를 찾아나가는 과정
- **형태 발전** – 형태를 발전시키는 과정
- **메인 페이지** – 조감도, 투시도, 아이소메트릭(Isometric) 등 대표 시각자료
- **도면** – 평면, 입면, 단면 등 핵심 도면
- **투시도 및 모형 사진** – 결과물의 완성된 이미지

각 페이지의 구체적 소개에 앞서, 본문 구성에서 가장 중요한 것은 **Chapter 1**의 **2**에서 언급한 '건축적 어휘의 일관된 사용'이다.

아무리 세련된 이미지와 도면을 배치해도 건축 프로젝트의 서사적 흐름을 따르지 않으면 설득력 있는 결과물이 될 수 없다.

3 본문1. 요약 페이지

3-1 이미지

- 본문의 첫 페이지로 프로젝트의 전반적인 분위기와 문제의식을 전달해야 한다.
- 지나치게 복잡하거나 과도하게 강한 이미지보다 단순하면서도 호기심을 유발하는 시각 자료가 적합하다.
- 대표적으로 콜라주(Collage) 또는 대상지 사진(Site Photo)이 많이 쓰인다.
- 대상지 사진을 사용할 경우 단순 원본 사용보다 여러 장을 합성·편집하거나 후가공하여 프로젝트의 의도와 연결시키는 것이 좋다.

3-2 텍스트

- 이 페이지의 텍스트는 프로젝트의 전 과정을 설명하는 것이 아니다.
- 건축가로서 주목한 특정 현상, 사용자 요구, 대상지의 성격을 간결히 제시하고, 그에 따른 문제 제기와 당위성을 밝힌 뒤, 작가로서 그 문제를 어떤 접근 방식으로 해결하려 했는지 결론을 짧게 덧붙인다.
- 세부적인 설명은 뒤쪽 페이지에서 충분히 다룰 수 있으니, 이 단계에서는 흥미를 유발하는 '질문 + 결론' 구조가 효과적이다.

3-3 레이아웃

- 페이지 비율은 보통 A4 세로 비례를 권장한다.
- 간지와 메인 페이지가 이미 전체 페이지(A3나 A4 2면)에 강한 임팩트를 주므로 콘셉트 요약은 상대적으로 작은 비례를 적용해 시각적 리듬을 만든다.

[그림 5-8] 요약 페이지 1

프로젝트 #2 Catalyst
의도: 대상지의 특별한 프로젝트인 만큼 대상지 사진을 여러 장 오버랩 하고 강조하며 사이트에서부터 시작된 프로젝트임을 강조하고자 하였음. 기타 본문 페이지와 차별화된 텍스트 상자를 배치하여 프로젝트의 요약을 나타내고자 함
작업방식: 대상지 사진 + Adobe tools

- 텍스트와 이미지 배치는 기존 마스터 페이지 구성을 그대로 쓰기보다 요약 페이지만의 별도 마스터 페이지를 제작하는 것이 좋다.
- 이렇게 하면 독자에게 '이제 새로운 챕터가 시작된다'는 시각적 신호를 줄 수 있다.

| 4 | 본문2. 분석 페이지 |

분석 페이지는 대부분의 건축 프로젝트에서 가장 첫 단계로 주변 환경이나 현상, 디자이너가 중요하게 생각하는 주제를 설정하는 과정이다. 이 과정은 단순한 자료 수집을 넘어 본인의 문제의식과 관점을 드러내는 중요한 출발점이 된다. 크게는 주관적 해석(Narrative design)과 객관적 분석(Mechanical design) 두 가지 방향으로 나눠볼 수 있다.

4-1 대상지 분석(Site analysis)

- **특징**: 특정 대상지에서 느낀 감각이나 분위기를 주관적으로 해석하는 과정
- **표현 방법**
    - 대상지의 사진이나 콜라주를 활용하되, 단순 나열이 아니라 중첩·가공을 통한 하나의 이미지로 통합
    - 사진의 채도·명도·색조를 조정하여 전달하고자 하는 감정에 집중될 수 있도록 함
    - 선, 그래프, 다이어그램 등을 오버랩시켜 감각적 이미지 + 데이터를 결합
- **권장 이미지 예시**: Figure ground plan, Collage + Line drawing
- **포인트**: 대상지를 본인이 어떻게 느꼈는지를 '설득'할 수 있어야 하며, 보는 사람이 공감할 수 있도록 시각적 무드를 통일하는 것이 핵심

[그림 5-9] 대상지 분석 1

프로젝트 #6 PH7
의도: 대상지의 특별한 프로젝트이므로, 도시의 도면을 배경에 배치하고 도시에서 집중하고자 하는 부분들의 색/사진을 다르게 하여 의도를 표현함. 도시에서 집중하고자 하는 키워드에 따라 다른 톤을 활용하였으며, 이들을 중첩하여 하나의 이미지를 만들고, 그 밑에 각 부분별 설명을 나열하여 모든 부분들이 각각의 의미를 가지고 있음을 표현하였음. 우측 하단에는 대상지 사진에서 분석된 요소들이 어떻게 존재하는지를 콜라주 형식으로 나타냄
작업방식: 대상지 사진 + Adobe tools

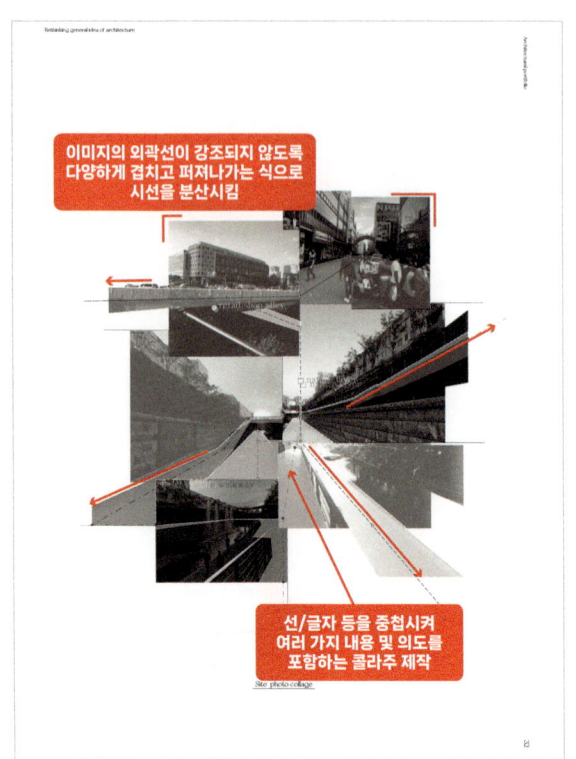

[그림 5-10] 대상지 분석 2

프로젝트 #2 Catalyst
의도: 대상지에 여러 가지 길과 요소 들이 혼재하고 있다는 점을 보여주고자, 대상지에서 찍은 요소들을 하나의 초점으로 병합시켜 표현하였음. 각각의 요소별로 톤을 다르게 하여 구분하였으며, 이미지의 경계점과 축에 선과 글자 등을 배치하여 단순 사진의 조합처럼 보이지 않게 하였음
작업방식: 대상지 사진 + Adobe tools

4-2 유저 분석(User needs)

- **특징**: 대상지를 이용하는 사람들의 특징 · 행동 · 관심사를 분석하여 설득력 있는 '이용자 시나리오'를 제시

[그림 5-11] 유저 분석

프로젝트 #4 [RE]volution
의도: 대상지, 도시에 있는 다양한 유저의 특징을 보여주고자 하였음. 대상지 모델링을 부분부분 줌인하여 그 속에서 일어나고 있는 행위를 보여주고자 하였으며, 우측 하단에는 분석한 유저의 타입에 따라 대상지의 이용 빈도 등을 통계화하여 보여주고자 하였음. 또한 하늘색의 키 컬러를 이용하여 드로잉 전체를 검은색과 하늘색 두 가지로 톤을 정돈하여 보여줌
작업방식: Rhino modeling + Adobe tools

- 표현 방법
  - 인물사진보다는 아이콘·그래프·도식화 자료로 2차 가공하여 표현
  - 사용자의 분류(연령, 성별, 직업군 등)와 주요 특징, 이용 행태를 그래프/차트/픽토그램으로 정리
  - 단순 픽토그램 남용은 피하고, 텍스트와 도식자료가 균형을 이루도록 편집

- 권장 이미지 예시: Figure ground plan, Collage + Line drawing, Pictogram + Graph
- 포인트: 사용자의 특성을 단순 나열하지 말고, 공간과 프로그램에 어떤 영향을 주는지 연결지어 보여주는 것이 중요

4-3 현상 분석(Phenomena analysis)

- 특징: 대상지 자체보다는 사회적·환경적·생물학적·기후적 현상 등에 대한 문제 제기로부터 출발
- 표현 방법
    - 차트, 그래프, 분포도 등 객관적인 데이터 시각화를 활용
    - 단순 사진보다는 자료를 2차 가공하여 신뢰성을 확보
    - 주관적 해석을 최소화하고, '누가 보더라도 납득할 수 있는' 분석 구조 제시
- 권장 이미지 예시: 현황도, 그래프, 통계 시각화 자료
- 포인트: 메커니컬 디자인은 설득의 핵심이 객관적 근거에 있다. 따라서 자료의 신뢰성과 정량적 표현이 핵심

4-4 콜라주(Collage)

콜라주는 내러티브 디자인에서 자주 사용되는 표현 기법으로, 유저나 대상지에 대한 아이디어를 압축적으로 담아내는 이미지다. 이미지 한 장만으로도 프로젝트가 어떤 방향성으로 풀려나갈 것인지 직관적으로 보여줄 수 있다는 점에서 초기 설득 단계에서 매우 효과적이다.

콜라주에서는 위계 설정이 핵심이다. 불필요한 장식이나 과도한 표현은 과감히 배제하고, 필요한 요소만을 선택적으로 배치해야 한다. 단순히 많은 이미지를 결합하는 것이 아니라, 프로젝트의 핵심을 선별하고 압축하는 과정 자체가 곧 디자인의 시작점이 된다.

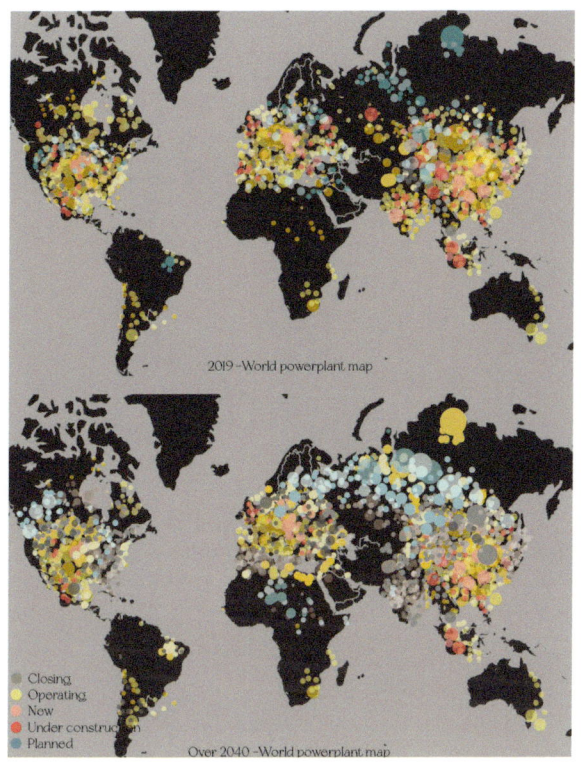

[그림 5-12] 현상 분석

콜라주 제작 시 핵심 원칙

- 핵심 요소만 직관적으로 표현
- 중요하지 않은 부분의 색조 · 표현은 절제
- 필요한 내용이라도 위계에 따라 과감히 삭제

[그림 5-13] 콜라주

프로젝트 #3 Roofscape
의도: 도시의 낮은 건축물들과, 건축물을 이용하는 상인들이 필요에 의해 사용하고 있는 평지붕 부분의 가능성을 보여주고자 하였음. 비슷한 스카이라인의 도시 지붕에 다양한 건축적인 제안을 하면서, 포화된 1층이 아닌, 상대적으로 사용자/사람 친화적인 새로운 대지인 지붕을 보여주고자 함. 기존 건축물의 톤은 최대한 절제하고, 그 상부에 추가적인 부분들에 붉은색의 하이라이트 표현을 하였으며, 추가적으로 건물이나 다양한 사람 소스 등을 배치하여 옥상의 가능성을 보여주고자 하였음

즉, 콜라주는 단순한 이미지 조합이 아니라 '무엇을 남기고, 무엇을 덜어낼 것인가'에 대한 전략적 판단이 담긴 작업이다. 이 과정을 통해 디자이너는 프로젝트의 내러티브를 시각적으로 압축해 제시할 수 있으며, 이는 이후 전개될 도면·다이어그램·메인 페이지의 방향성을 암시하는 역할을 하게 된다.

[표-5-1] 본문2. 분석 페이지 요약

	사이트 분석	유저 분석	현상 분석	콜라주
목적	도시적 맥락 · 소규모 프로젝트에 적합	도시적 맥락 및 주거 프로젝트 · 이용자가 명확한 경우 적합	특정 대지나 계층보다는 사회적, 환경적, 기후적 현상 등에서부터 시작한 프로젝트에 적합	그림 한 장으로 모든 콘셉트를 소통하기에 적합
주요 포인트	설득될 만한 이야기 및 건축적 접근		타당성 있는 근거 및 통계	위계
주의점	건축적이지 않은 접근 설득적이지 않은 스토리		통계 및 신뢰성 부족	별도의 설명이 필요한 이미지의 경우 비효과적
내러티브 디자인 프로젝트	권장	권장	프로젝트별 상이	전달하고자 하는 메시지가 강력한 경우
메커니컬 디자인 프로젝트	프로젝트별 상이	프로젝트별 상이	권장	

5 형태/시스템 제안

앞선 '분석 단계(2-2)'는 주로 시나리오, 텍스트, 데이터, 사진, 도표 등의 언어적/개념적 도구로 프로젝트를 설명하는 과정이었다. 하지만 건축은 결국 물질적 · 공간적 결과물로 귀결되기 때문에 분석 내용을 기반으로 반드시 '형태(Form)'와 '시스템(System)'으로 구현해내야 한다.

이 단계에서는 '어떻게 개념이 실제 공간 · 형태로 발전하는가'를 설득력 있게 보여주는 것이 핵심이다. 따라서 내러티브 디자인과 메커니컬 디자인이라는 두 가지 접근법에 따라 제안 방식이 달라질 수 있다.

5-1 형태 제안(Form finding)

- 내러티브 디자인에 기반 한 형태 발전
- 초기 개념(시나리오)에서 출발하여 간단한 매스(덩어리)가 어떻게 깎이고, 쌓이고, 회전하며, 변형되어 형태가 완성되는지를 단계별로 제시해야 한다.
- 형태 발전은 직관적이고 읽기 쉬운 방식으로 표현해야 하며, 과도한 복잡성보다는 미니멀하고 명확한 프로세스를 강조해야 한다.

표현 주의사항
- 복잡한 색채, 패턴보다는 단순한 매스 다이어그램을 활용
- 건축의 기본 조형 언어(쌓기, 빼기, 자르기, 회전 등)를 활용하여 단계적 변형을 도식화
- 급진적이고 불연속적인 변화보다는 점진적 · 논리적 진화를 보여주는 것이 설득력 있음

권장 이미지
Mass diagram(단계별 형태 변화)

Conceptual axonometric/exploded diagram

Simple rendering(재료 · 디테일보다는 개념 전달에 집중)

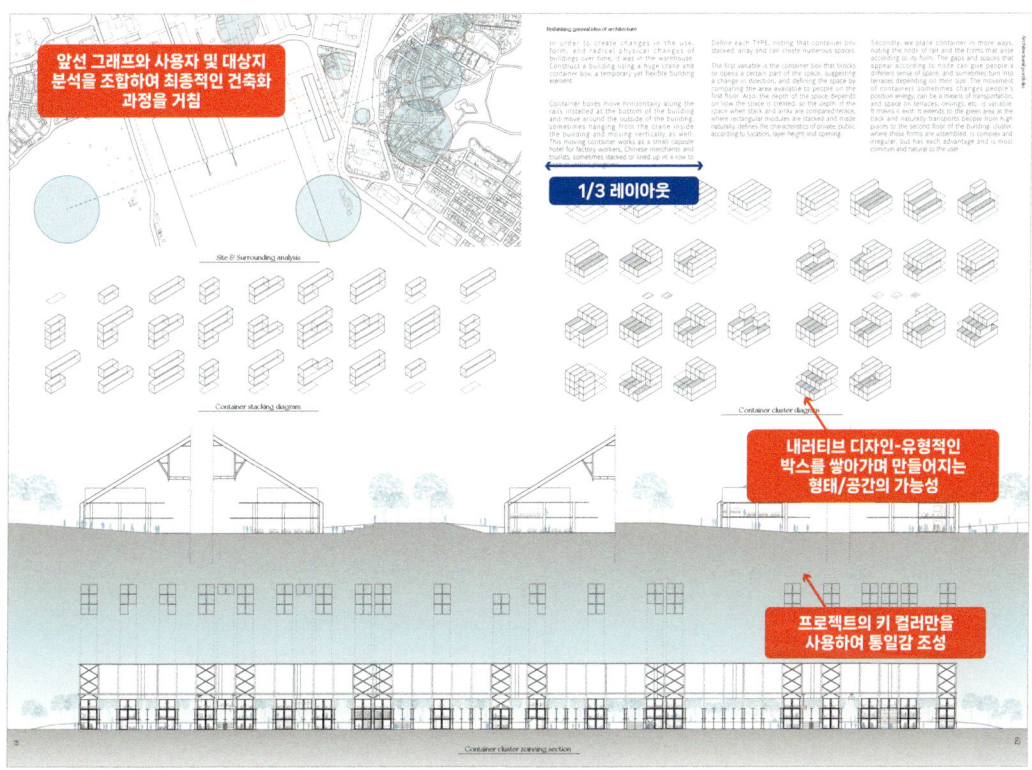

[그림 5-14] 형태 제안

프로젝트 #4 [RE]volution
의도: 프로젝트의 핵심 기하학적인 직육면체를 대상지 유저의 니즈에 따라 배치하여 건축적인 공간/형태를 만드는 모습을 보여주고자 하였음. 직육면체가 여러 조합으로 쌓이면서 생기는 형태와 그 형태의 가능성을 보여줌.
(Narrative design의 Typology, 유형학 의사소통 방법론)

5-2 시스템 제안(Prototype design)

- 메커니컬 디자인 기반 형태 발전
- **현상 해결형 제안**: 사회적 · 환경적 · 생물학적 · 기후적 문제를 직접 해결할 수 있는 기초적인 형태(프로토타입)를 제시한다.
- **형태의 '기능성' 강조**: 전체적 구성이나 미학보다는 각 부분이 어떤 기능을 수행하는지를 설명하고, 그 기능들이 모여 문제 해결을 어떻게 달성하는지 보여준다.

객관적 설득 요소
- 부품의 스펙이나 재료 특성
- 기대 효과(예: 에너지 절감, 환기 효율, 빛 유입 개선 등)
- 시스템 흐름 모식도(예: 공기 · 물 · 사람의 순환 경로)

표현 주의사항
- 복잡해도 무방하지만 반드시 부분 단위로 분해하거나 독립시켜 기능을 설명할 수 있어야 한다.
- 전체가 다시 조합되었을 때 문제 해결이 가능한지 보여주는 시스템 작동 방식을 단순한 다이어그램으로 제시해야 한다.

권장 이미지
- Exploded diagram(분해도)
- 기능 설명도(부분별 역할 제시)
- Sequence diagram(작동 순서도, 흐름도)

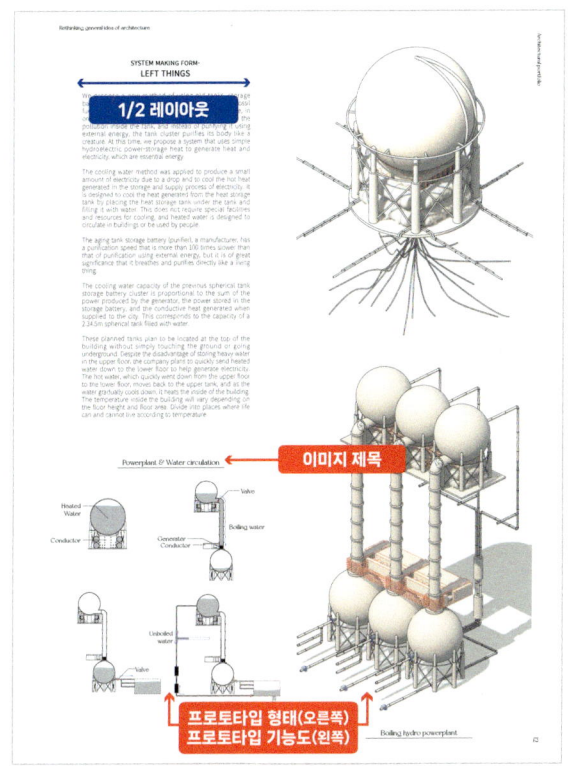

[그림 5-15] 시스템 제안

> **프로젝트 #1 The storage**
> **의도**: 버려진 구조물과 그 구조물이 수행하는 기능을 재조합하여 새로운 시스템을 만듦. 이해를 돕기 위한 전체적인 형태와 간단한 단면 다이어그램을 통해 부연 설명
> **작업방식**: Rhino modeling + Vray(그림자) + Adobe tools

 내러티브 디자인은 '스토리에서 형태로의 점진적 변형 과정'에 초점을 두고, 메커니컬 디자인은 '시스템과 기능이 결합된 합리적 해결 장치로서의 형태'를 강조.

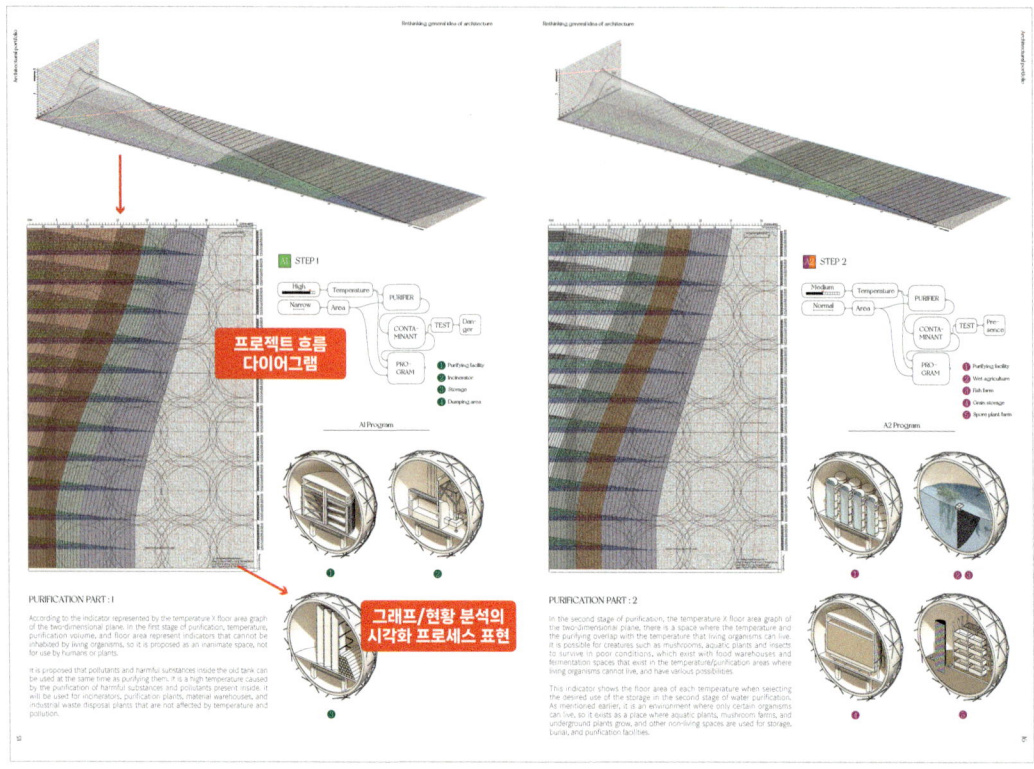

[그림 5-16] 시스템 제안

프로젝트 #1 The storage
의도: 새로운 발전소와 기능을 설명하는 다이어그램 페이지. 메커니컬 디자인 특유의 그래프가 표현되어 있으며, 2차원 그래프와 변수가 추가된 3차원 그래프를 통하여 다양한 정보·수식·통계를 바탕으로 프로젝트가 진행되고 있음을 보여줌. 글자나 그림만으로 완벽한 설명을 하기 부족하므로, 간단한 워크플로 다이어그램(algorithm)과 단면 투시도 형태를 통해 건축물 부분부분의 기능을 설명하고자 하였음
작업방식: Rhino modeling + Vray(그림자) + Adobe tools

5-3 워크플로 표현

워크플로(Workflow; 작업의 흐름) 다이어그램은 프로젝트에 포함되는 개념이나 현상, 통계 등이 많고 복잡할 때 혹은 서로 다른 개념들이 부분적으로 차용·융합되어 발전되는 프로젝트에서 효과적으로 사용된다. 이 다이어그램은 포트폴리오를 보는 사람이 이야기의 흐름을 잃지 않도록 돕는 장치이며, 다양한 개념과 현상 사이에 개연성을 부여하고 설득력을 높이는 중요한 연결고리가 된다.

워크플로는 주로 표나 흐름도의 형태로 작성된다. 표 안에는 세부적인 텍스트를 삽입하거나, 경우에 따라 표를 확대·전환해가며 이야기의 흐름을 이어가는 방식을 활용하기도 한다. 중요한 것은 정확한 흐름이 한눈에 읽혀야 한다는 점이다. 따라서 불필요한 장식이나 과도한 그래픽 요소는 덜어내고, 간결한 선·색·글자를 통해 핵심 의도를 전달하는 것이 바람직하다.

주의할 점도 있다. 워크플로를 지나치게 크게 삽입하거나 텍스트로만 가득 채우면 프로젝트의 발전 과정이 단순한 글자 나열로 보일 수 있다. 따라서 포트폴리오에서는 내용과 시각적 간결성의 균형을 유지하는 것이 가장 중요하다.

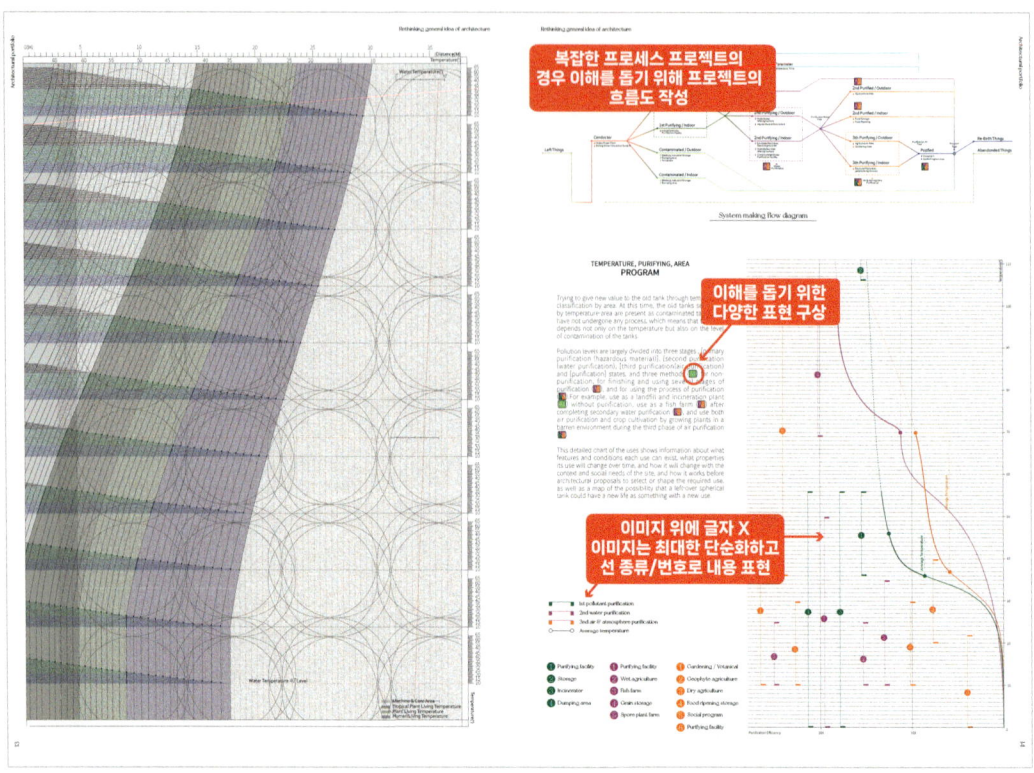

[그림 5-17] 프로젝트 흐름도 1

프로젝트 #1 The storage
의도: 시스템 및 분석의 메인이 되는 그래프를 크게 보여주므로 프로젝트의 핵심 변수에 대한 정보 전달(좌) 다양한 현상과 개념, 변수 등을 모두 고려해야 하는 프로젝트 특성상 워크플로우를 크게 표현하고 크게는 3가지 색을 통해 모든 변수가 통제되고 있음을 보여줌. 다양한 정보를 3가지 색의 선과 화살표 등으로 최대한 미니멀하게 표현하였으며 그래프 위에 많은 글자가 올라가서 가독성을 떨어트리지 않도록 범례를 통해 추가 정보를 전달

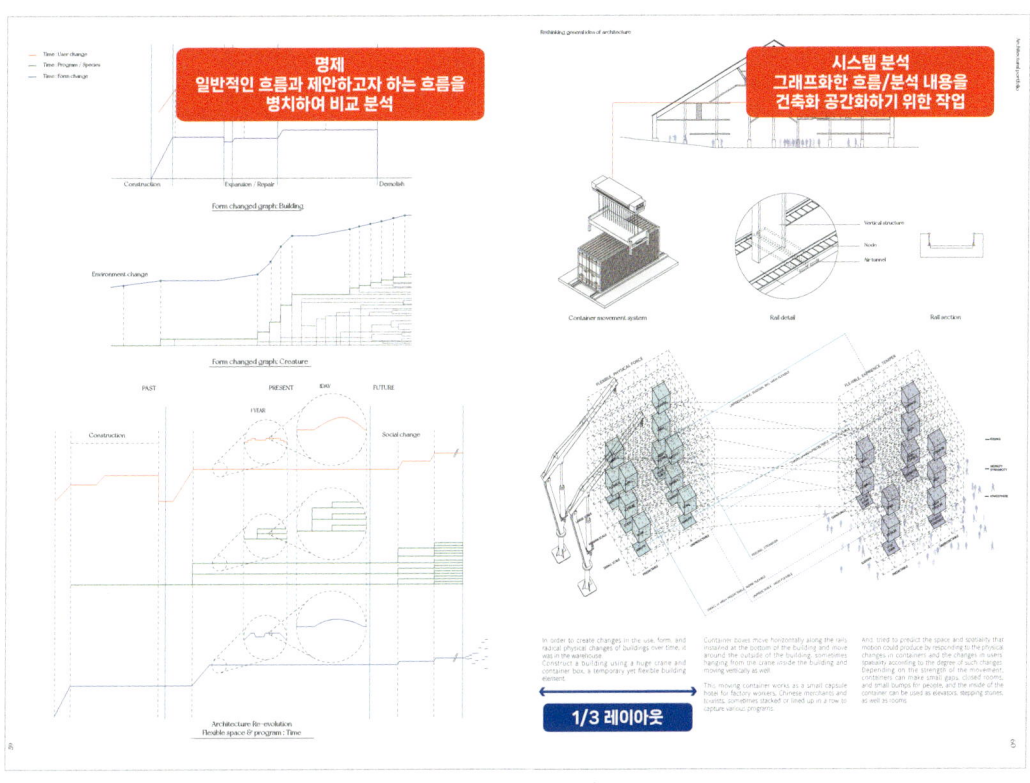

[그림 5-18] 프로젝트 흐름도(좌)/시스템 제안(우)

프로젝트 #4 [RE]volution
의도: 건축물의 생애를 그래프로 표현하여 건축물의 사용성이 유한하다는 것을 보여주고자 하였음. 반면 진화를 통해 종을 반영구적으로 유지하는 생명체의 진화 주기 그래프를 보여주며, 건축물이 반영구적인 생명을 가지게 하는 방법을 두 그래프를 교차하여 제안하고자 하였음(좌)
건축물이 반영구적인 생명을 가지기 위한 방법론으로 가변형 공간을 제안함. 가변형 공간을 만들기 위한 시스템인 크레인 등을 보여주며 크레인이 이동할 수 있는 시스템을 설득하고자 하였음

| 6 | 본문3. 형태 발전 과정 표현 |

요약과 분석이 설득력을 가진 채로 진행되었다면 이제는 프로젝트의 몸통을 담당하는 본문 서술이 필요하다.

   건축 프로젝트에서 본문이란 곧 형태를 의미한다. 이론이나 분석만으로도 충분한 가치가 있는 경우도 있지만, 결국 건축 프로젝트라면 형태가 드러나야 한다. 앞선 제안이 기초적인 형태화의 출발이었다면 이제는 그 형태를 점차 발전시켜 최종 형태로 이어지는 과정을 기록해야 한다.

   서술 방향은 마찬가지로 내러티브 디자인과 메커니컬 디자인의 두 가지 흐름으로 살펴볼 수 있다.

6-1 내러티브 디자인의 형태 발전 과정

내러티브 디자인의 형태 발전은 기본적으로 모형 사진과 투시도가 동반된다. 가장 큰 목적은 본인이 제안하는 조형과 공간감을 설득력 있게 전달하는 것이다. 내러티브 디자인은 청자가 공감하지 않는 순간 아무런 가치가 없는 프로젝트가 될 수 있으므로, 반드시 다양한 방법으로 설득해야 한다.

(1) 투시도

제안하는 공간감을 시각적으로 보여준다. 대비, 물성을 극대화하거나 과장된 효과를 주는 것도 효과적인 방법이다. 타깃 유저가 실제로 공간을 사용하는 장면을 삽입하면 설득력이 배가된다.

(2) 전체 모형

건축물이 도시·대지 맥락과 어떻게 어우러지는지 표현한다. 의도한 축, 도시적 맥락, 주변 환경과의 관계를 명확히 보여준다. 단일 건축 모형뿐만 아니라 도시 모형과 함께 배치하는 것도 효과적이다.

(3) 부분 모형

특정 공간이나 의도한 공간감을 부분적으로 드러낸다. 디테일을 강조해 서사의 완성도를 높인다.

(4) 유저 다이어그램

타깃 유저들이 건축물을 이용하는 방식과 의도한 행위가 원활히 발생하는 과정을 보여준다. 동선순환도(Circulation diagram), 분해도(Exploded diagram) 등을 활용할 수 있다.

[그림 5-19] 내러티브 디자인 공간/도시 분석

프로젝트 #3 Roofscape
의도: 도시의 스카이라인이 큰 차이가 없다는 점을 보여주기 위해 대상지 건축물의 단면도를 나열하여 표현하고자 하였으며, 우측에서는 좌측의 2차원 단면도를 3차원적으로 표현하며, 최종적으로 제안하고자하는 옥상의 레이어를 표현하였음. 두 페이지 상단에는 대상지의 지붕에 여러 가지 소스를 배치한 콜라주를 사용하여 옥상의 가능성과 프로젝트의 의도를 설득하고자 하였음. (내러티브 디자인의 설득 방법, 콜라주)

[그림 5-20] 내러티브 디자인, 부분 모형

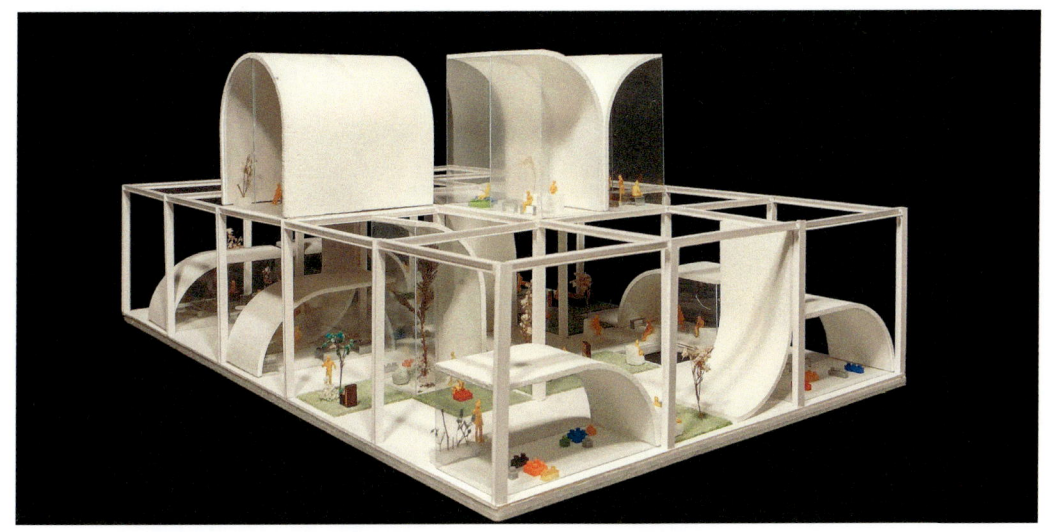

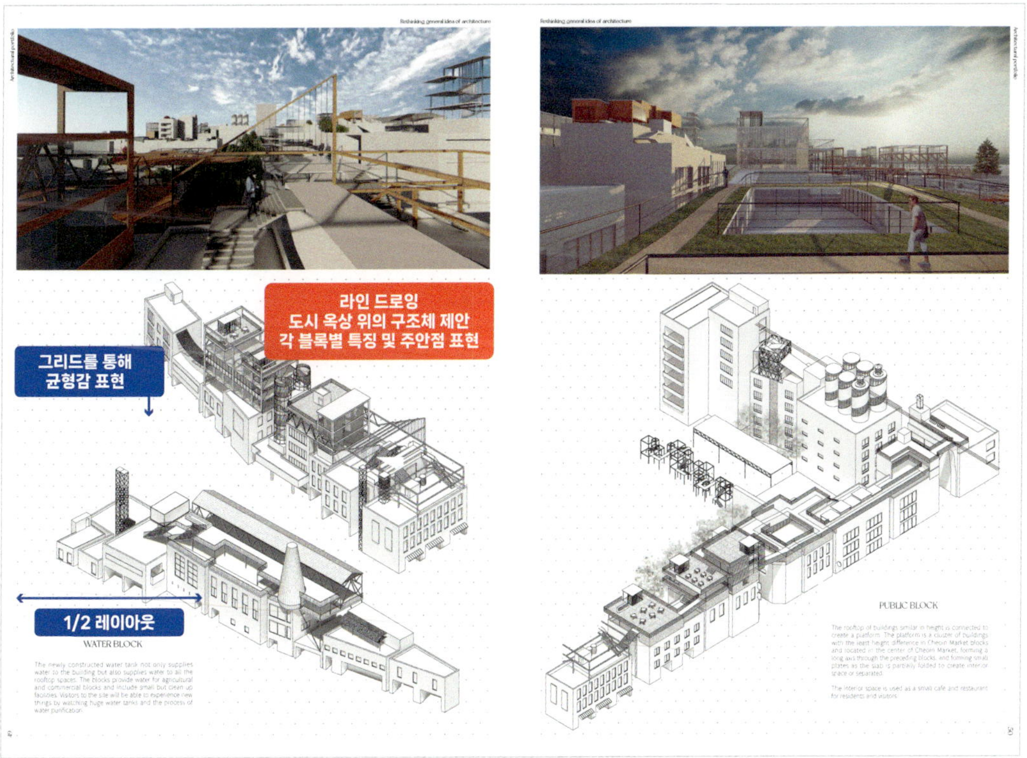

[그림 5-21] 내러티브 디자인, Block design 1

Chapter 5. 포트폴리오 제작하기 - 간지, 분석, 본문 _219

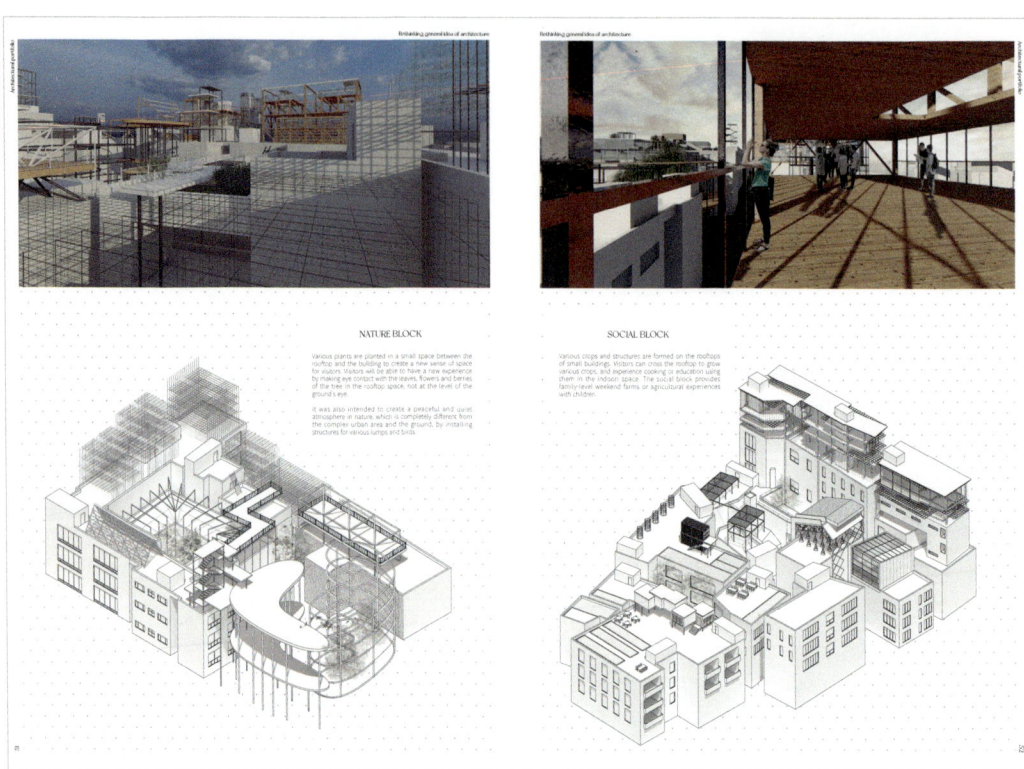

[그림 5-22] 내러티브 디자인, Block design 2

프로젝트 #3 Roofscape
의도: 사용자의 요구가 반영되있던 기존 건축물의 지붕의 역할을 극대화하여 새로운 지붕 구조체를 제안. 지붕에 올라가는 구조체인 만큼 가벼운 형식의 플랫폼을 제안해줌. 블록별 지붕이 엮어서 만들어내는 형태의 라인 드로잉과 그 부분의 투시도로 페이지를 구성하였으며, 라인 드로잉은 미니멀한 색감으로 전체의 형태를, 투시도는 비교적 생생한(vivid) 컬러로 페이지의 톤을 정돈하였음

6-2 메커니컬 디자인의 형태 발전 과정

메커니컬 디자인의 형태 발전에서 핵심은 프로토타입(Protype)이다. 초기 프로토타입은 단순한 아이디어가 아니라 이후 모든 형태 발전의 기준이 되는 출발점이다. 새로운 요소를 결합하거나 변수를 변화시키는 과정은 프로토타입을 기반으로 하되, 그 기능과 구조적 일관성을 반드시 유지해야 한다.

형태를 찾아나가는 과정에서 분석의 결과만으로는 더 이상 구체적인 형상을 도출하기 어렵다면 형태화 단계에서 새로운 개념이 도입될 수도 있다. 예를 들어 프로토타입에 새로운 기하학적 원리가 적용되거나 자연의 구조에서 착안한 요소가 추가되는 방식이다. 이때 중요한 점은 분석 결과와 프로토타입의 방향성을 벗어나지 않는 범위에서 발전해야 한다는 것이다.

메커니컬 디자인은 기본적으로 분석에 근거한 객관성을 바탕으로 한다. 따라서 프로토타입의 기준과 분석의 결과가 제시하는 가능성 안에서 가장 적합한 발전 경로를 선택하는 것이 필요하다.

- **유형학(Typology)**

    메커니컬 디자인에서 분석 가능한 변수가 많다면 이를 조절하여 다양한 결과를 도출하고 그 경향(tendency)을 파악한다. 이후 가장 합리적이고 안정적인 결과를 선택함으로써 최적의 형태를 도출하는 과정이다.

- **기하학(Geometry)**

    분석의 결과가 특정 기하학적 개념과 유사할 경우 해당 개념을 발전의 토대로 삼을 수 있다. 예를 들어 프랙털 구조처럼 반복성과 자기유사성을 지닌 기하학은 복잡한 구조를 단순한 원리로 설명하면서도 새로운 형태를 제시하는 기반이 될 수 있다.

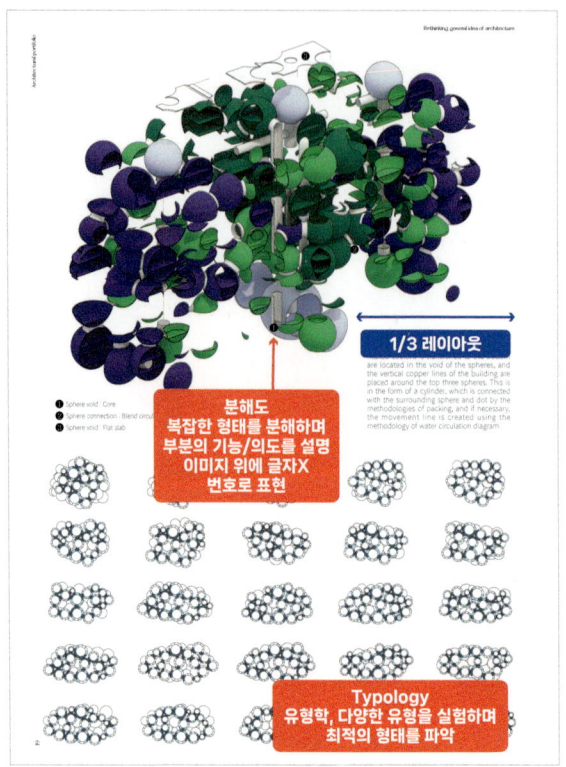

[그림 5-23] 메커니컬 디자인, 유형학

● **유기성**(Organic)

분석 결과가 자연의 형태나 구조와 닮았다면 이를 모방하거나 응용하여 형태를 발전시킬 수 있다. 곡선적 흐름, 가지 구조, 세포적 패턴 등 자연의 원리는 기능적 합리성과 미학적 설득력을 동시에 제공한다.

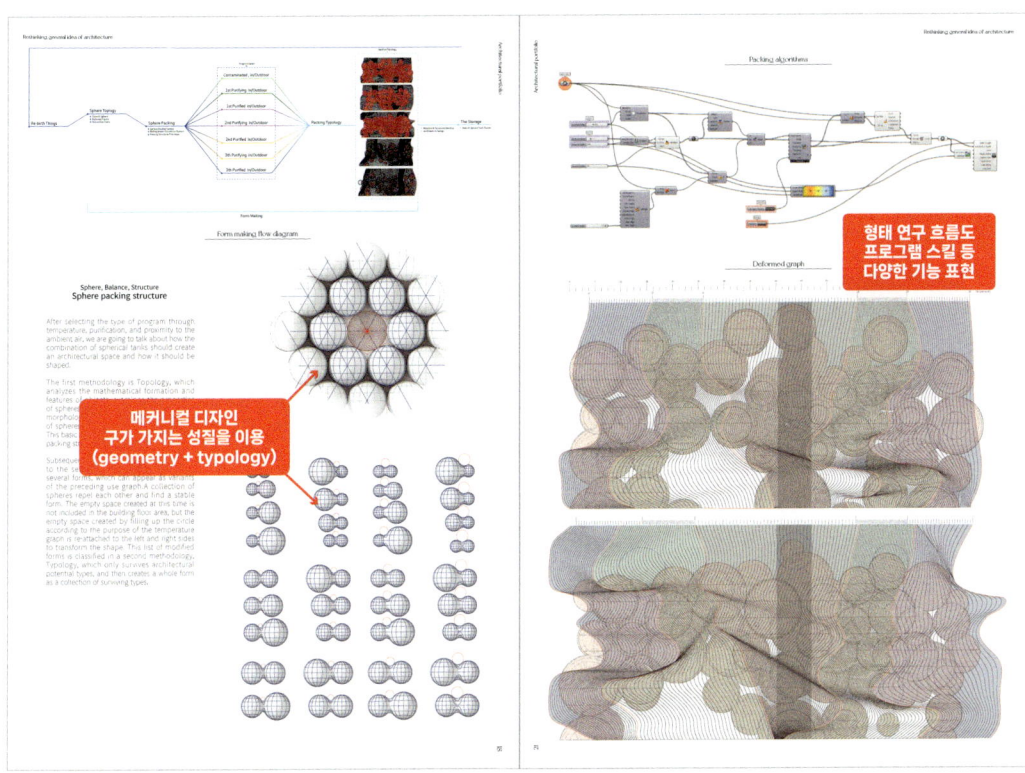

[그림 5-24] 메커니컬 디자인, 기하학

프로젝트 #1 The storage
의도: 프로젝트에서 선택한 기하학인 구를 분해하고 재조립하며 형태를 찾아나가는 과정. 원을 무작위로 쌓아놓았을 때 원끼리 서로 밀어내며 생기는 형태를 보여주고자 하였으며, 다양한 형태를 나열함으로써 미처 표현되지 못한 여러 가지 대안을 검토하였다는 점을 강조해서 보여주고자 하였음. (typology, 유형학의 의사소통 방법론 고려)
작업방식: Rhino & Grasshopper modeling + Vray(그림자) + Adobe tools

메커니컬 디자인의 형태 발전은 객관적 분석과 프로토타입을 기반으로 한 합리적 진화 과정이라는 점에서 이야기나 개념의 서사를 통해 형태를 전개하는 내러티브 디자인과 구분된다. 즉 내러티브 디자인이 맥락과 스토리의 흐름을 통해 형태를 찾는 과정이라면, 메커니컬 디자인은 분석과 기능적 논리를 통해 형태를 발전시키는 과정이다.

[표 5-2] **내러티브디자인과 메커니컬 디자인**

	내러티브 디자인	메커니컬 디자인
출발점	이야기, 맥락, 개념, 서사적인 아이디어, 대지 현황, 유저 분석, 인터뷰 등	특정 현상, 사회 · 기후 · 환경적인 이슈 등
형태/시스템 제안	스토리의 전개에 따라 발전 주관적인 해석과 결론	객관적인 지표와 분석을 통한 결론. 문제점을 해결하기 위한 프로토타입 제작
진행	서사, 상징성, 맥락, 주관적 설득	기능성, 객관성, 오류없는 수식
형태 발전	이야기 전개, 여러 가지 아이디어와 본인의 판단	프로토타입을 발전시켜 나가며 형태 파악. 분석 변수, 유형, 기하학 등 논리적 틀 안에서 발전
주요 사항	주관성과 창의성 강조	객관성과 합리적 근거 강조
작업물	설득을 위한 이미지	이해를 위한 이미지
주의사항	이야기의 흐름을 놓치지 않도록 주의 이야기의 신빙성, 설득력이 있는지 반드시 확인 설득력이 부족하더라도 과정을 튼튼하게 만들기	분석에서 놓친 부분이 없는지 주의 형태화 시 크게 생략되는 부분이 없도록 반드시 확인 관련 없는 이론이 다수 등장하지 않도록 주의

Chapter

6

포트폴리오 제작하기
- 메인 페이지

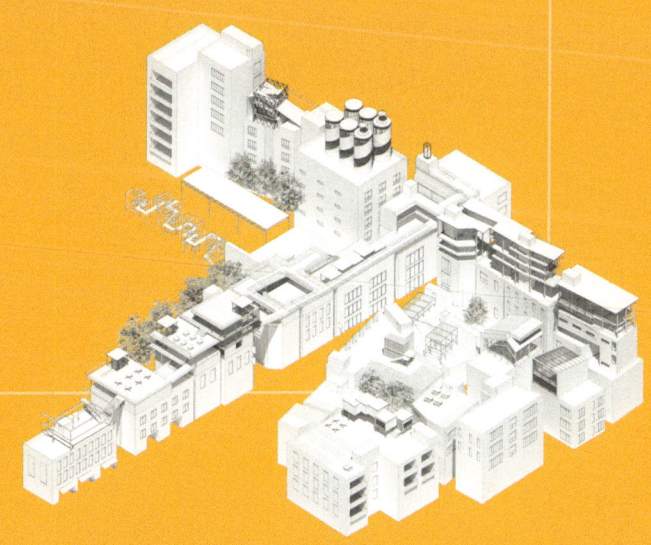

1 메인 페이지 제작

프로젝트의 콘셉트, 형태 제안, 형태 발전까지 진행되었다면 최종 결과를 보여줄 차례이다. 메인 페이지는 포트폴리오에서 두 번째로 중요한 페이지로, 가장 강력한 이미지를 풀 페이지(A4 2매 또는 A3 1매)로 제시하는 것이 효과적이다.

메인 페이지라고 해서 반드시 전체 모습을 보여줄 필요는 없다. 대부분의 경우 전체 조감도 · 투시도 · 모형 사진이 적합하지만, 프로젝트가 특정 공간이나 장면 중심으로 진행되었다면 부분 투시도를 활용해도 충분하다.

메인 페이지는 간지와 비슷하게 강렬한 이미지를 사용하지만 차별점은 다음과 같다:

- 간지: 프로젝트를 '매력적으로 소개하는' 팬시(fancy)한 이미지
- 메인 페이지: 프로젝트의 흐름을 따라온 뒤, 최종 결론을 드러내는 이미지(작가의 의도와 작업의 깊이가 확실히 드러나야 함)

메인 페이지에 적합한 이미지 유형

- ✓ 렌더링(Rendering)
- ✓ 라인 드로잉 투상도(Isometric)
- ✓ 컬러 드로잉 또는 스케치
- ✓ 콘셉트 투시도
- ✓ 콘셉트 도면
- ✓ 모형 사진(Model Photo)

메인 프로젝트가 4~5개 정도 수록된다면 모든 메인 페이지에서 같은 표현 방식을 고집할 필요는 없다.

여건이 허락한다면 각 프로젝트마다 다른 방식(예: 어떤 프로젝트는 렌더링, 다른 프로젝트는 모형 사진)을 활용해 표현 기법의 다양성과 역량을 보여주는 것이 바람직하다. 나아가서 본인의 프로젝트가 메커니컬 디자인인지 내러티브 디자인인지에 따라서도 메인 페이지 선택이 나뉠 수 있다.

1-1 렌더링(Rendering)

- **표현 및 제작 방식**: 극사실주의보다는 개념적 렌더링(Conceptual Rendering)을 권장(단, 어려우면 극사실주의도 가능)
- 투시도가 조감도보다 효과적. 필요 시 등각투상도(isometric) 사용 가능
- 메인 건축물뿐만 아니라 주변 현황 및 주변 건축물, 도로 현황 등도 표현 권장
- **특징**: 의도를 명확히 보여주는 이미지 제작 가능
- **프로젝트**: 전체적인 형태 또는 의도하는 그림 · 공간이 있는 경우
- **장단점**: 디테일한 모델링 필요, 현실적인 효과를 원할 경우 작업시간↑
- **권장 표현 요소**:
    - 건축물 전체와 세부
    - 주변 건축물 · 대지 디테일
    - 그림자
    - 사람 · 수목 · 동물 소스(2D 가능)
    - 태양, 섬광(glare) 등

[그림 6-1] 메인 페이지, 렌더링

1-2 라인 드로잉(Line Drawing)

- **표현 및 제작 방식**: 모델링 선 추출 → 선 굵기 조정 → 그림자 추출(무채색) → 선 중첩 → 외부 툴(Adobe 등)에서 색 · 재질 추가(렌더링 단계에서 재질 적용 비권장)
- **특징**: 개념적인(Conceptual) · 만화적인(Cartoonistic) 성격
- **프로젝트**: 전체적인 형태와 주변과의 연계성 등을 보여줘야 하는 경우
- **장단점**: 제작 시간 · 난이도↑, 다양한 프로그램 필요 → 완성 시 메인 페이지에서 가장 강한 인상 가능

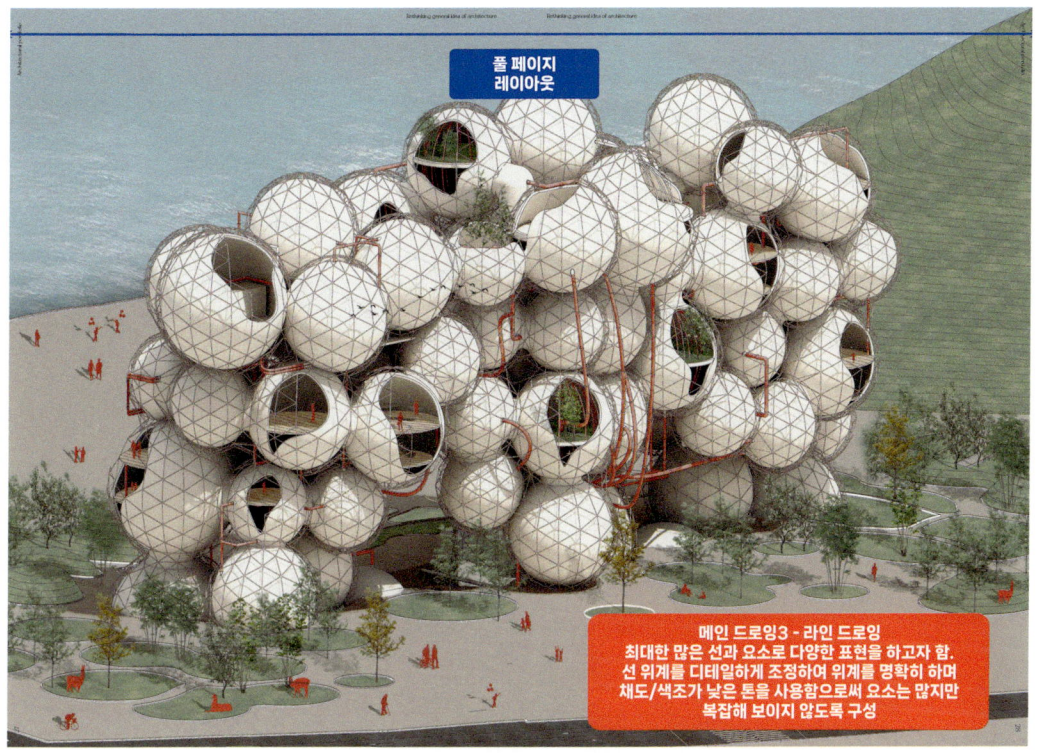

[그림 6-2] 라인 드로잉 1

프로젝트 #1 The storage
의도: 실험적인 프로젝트 특성상 조감도를 렌더링으로 보여줄 경우 건축적이지 않아 보이거나 상상력을 저해할 수 있음을 고려하여 Line drawing isometric 선택. 일부 만화 같은 느낌을 추가하여 실험적인 느낌을 더욱 부각하고자 하였음. 또한 라인 드로잉 특성상 작업량이 굉장히 많아 보일 수 있는데 이러한 부분을 하나의 강점으로 보여주고자 하였음
작업방식: Rhino & Grasshopper modeling + Vray(그림자) + Adobe tools

- 권장 표현 요소:
    - 외곽선 위계 구분   - 전체 및 세부 형태
    - 주변 대지 디테일   - 그림자
    - 사람 · 수목 · 동물 소스   - 메인 컬러 활용한 재질 표현

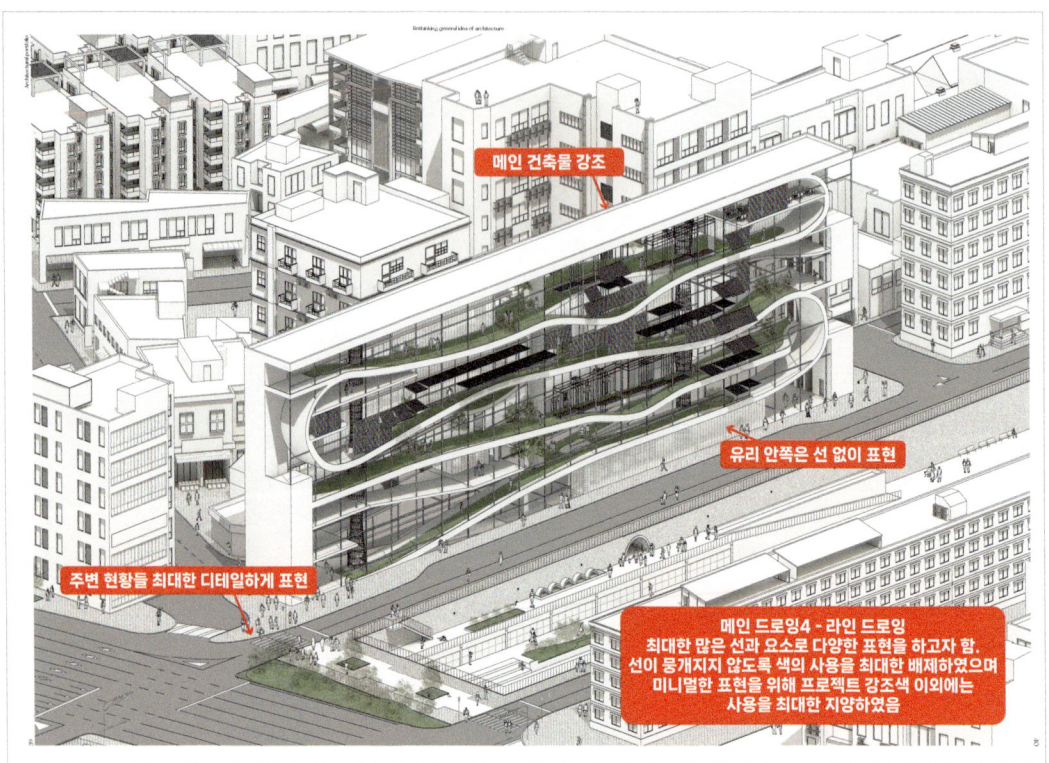

[그림 6-3] 메인 페이지, 라인 드로잉

프로젝트 #2 Catalyst
의도: 대상지의 특별한 프로젝트, 주변 현황이 중요한 프로젝트이므로 투시도보다는 조감도로 메인 페이지를 제작하였음. 렌더링 등으로도 대체될 수 있으나 조감도 렌더링의 경우 개념적인 느낌을 내기 힘들다고 판단, 라인 드로잉으로 제작하였으며, 주변 도로나 주변 건축물 등 맥락을 디테일하게 모델링하여 프로그램 활용 능력 등을 보여주고자 하였음. 전체적으로 회색조로 선들이 강조되게 표현하였으며, 그중에도 강조가 필요한 자연의 레이어만 프로젝트의 키 컬러인 녹색을 사용하여 톤을 정돈하였음

1-3 컬러 드로잉 또는 스케치(Vivid/Pastel tone drawing or sketch)

- **제작 방식**: 모델링이나 스케치 등을 배경으로 깔고, 유색 선이나 소스 등으로 꾸며서 작업
- **특징**: 개념적 · 만화적 성격 · 다양한 색을 사용하여 화려한 느낌을 주거나 색을 절제하여 미니멀한 이미지로 제작하여 독자들이 재고하게 만드는 역할
- **장단점**: 콘셉트가 잘 드러나는 모델링이나 스케치가 필요함. 적합한 이미지가 없을 경우 제작이 어려울 수 있음
- **권장 표현 요소**: 다양한 색조 사용 혹은 색을 절제한 미니멀한 스케치 중 선택하여 제작

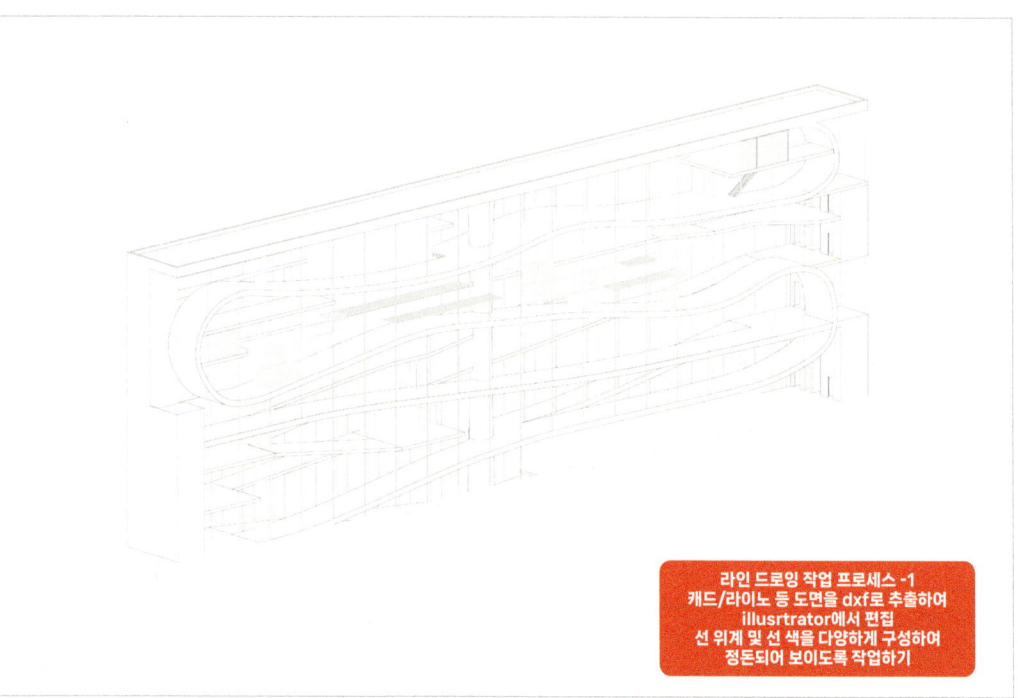

라인 드로잉 작업 프로세스 -1
캐드/라이노 등 도면을 dxf로 추출하여
illusrtrator에서 편집
선 위계 및 선 색을 다양하게 구성하여
정돈되어 보이도록 작업하기

라인 드로잉 작업 프로세스 -2
스케치업/라이노 등의 modeler 프로그램에서
그림자 및 음영 추출
(재질 없이 음영, 그림자만 추출하는 것 권장)
추출된 이미지와 선을 같은 위치에 중첩한 뒤 저장

[그림 6-4] 라인 드로잉 작업 과정

[그림 6-5] 메인 페이지, vivid color drawing

프로젝트 #3 Roofscape
의도: 지붕에 새로 제안한 구조체들이 설치되어 도시가 활기를 띠는 느낌을 주고자 밝은 색조로 조감도를 제작하였음. 다른 프로젝트에서 사용했던 검은색과 키 컬러만을 사용하는 게 아니라, 전체적인 도시의 활기를 표현하고자 다양한 색을 과감하게 사용하였음

1-4 콘셉트 투시도(Conceptual Perspective)

- **표현 및 제작 방식**: 렌더링 혹은 라인 드로잉과 유사, 다만 특정 부분의 확대 투시도이므로 주변 현황보다는 해당 뷰에서 보이는 부분들에 디테일 작업 권장
- **특징**: 개념적 · 만화적 성격
- **프로젝트**: 의도가 담긴 공간이 있는 경우

[그림 6-6] 메인 페이지, 콘셉트 투시도

프로젝트 #3 Roofscape
의도: 도시설계 프로젝트, 대상지가 매우 넓으므로 조감도로 렌더링할 경우 디테일한 부분은 잘 보이지 않으며, 조감도 렌더링은 너무 실무적인 그림이 나올 우려가 있으므로 부분투시도로 작성. 옥상 공간이 1층처럼 다양한 플랫폼으로 활용되는 모습을 보여주고자 하였으며, 역광과 섬광, 그리고 유리의 반사 온도를 높여 개념적이고 만화적인 느낌을 주고자 하였음

- **장단점**: 특정 부분만 확대하여 보여주는 것이므로 주변 현황에 대한 작업이 불필요. 작업시간↓, 확대 뷰인 만큼 해당 뷰에서는 디테일 많이 표현
- **권장 표현 요소**: 색조/채도 차이, 역광, 섬광, 야경광 등 개념적인 느낌을 줄 수 있는 요소 필요

1-5 도면(Drawing)

- **표현 및 제작 방식**: CAD나 drawing tool에서 제작 후 illustrator 혹은 adove 툴을 활용하여 선과 소스를 추가하여 단순 흑백도면으로 보이지 않도록 후가공 필요
- **특징**: 구현 가능성, 건축적인 의사소통과 콘셉트 전달에 효과적
- **프로젝트**: 주변 맥락이나 2D 표현 요소가 많은 경우 적합
- **장단점**: 1층 평면도를 제작할 때 주변 현황도 디테일한 도면 작성 필요. 작업 시간 늘어남, 모델링은 굳이 없어도 제작 가능
- **권장 표현 요소**:
    - 사람 소스 또는 발자국 등(평면) → 공간 활용성 전달
    - 나무 · 도로 · 주변 소스
    - 그림자(모델링 필요)
    - 키 컬러(흑색선 + 한 가지 유색선 등으로 콘셉트가 드러나는 부분과 기능적인 부분 구분)
    - 디테일 · 치수 · 축열 · 스케일 바 → 전문성 강조
- **주의점**: 도면 퀄리티가 실무 수준에 크게 못 미친다면 메인으로는 부적합

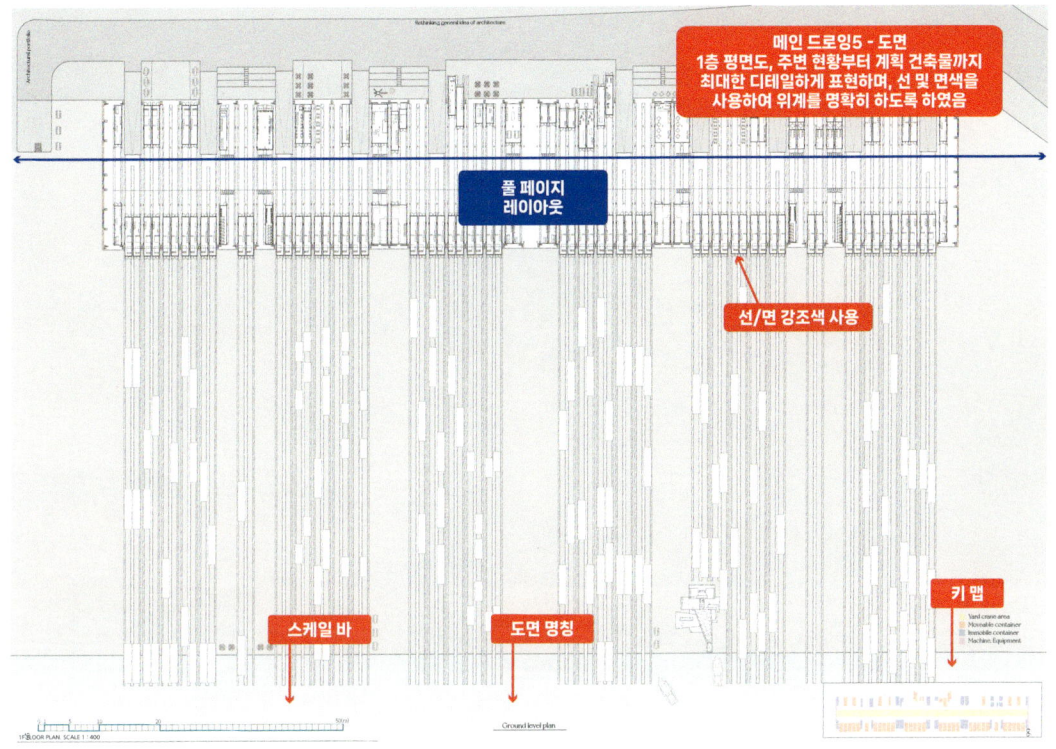

[그림 6-7] 메인 페이지 – 1층 평면도

프로젝트 #4 [Re]volution
의도: 건축물 및 대상지의 비례가 세장하므로 조감도로 메인 페이지를 구성하기는 어려움이 있었으며, 특정 공간을 보여주는 프로젝트로 보기는 어려우므로 도면을 메인 페이지로 채택하였다. 또한 프로젝트의 성격이 이론 위주의 프로젝트이므로 너무 화려하지 않은 메인 페이지가 요구되었으므로 도면으로 표현하였음. 도면에서 주요 부분과 상대적으로 덜 중요한 부분의 선과 면의 색을 구분하여 표현하였으며, 가변적 공간은 점선으로 표현하여 다양한 형태로 변화할 수 있다는 점을 보여주고자 하였음. 좌측 하단과 우측 하단에는 프로젝트에 맞는 키 맵과 스케일 바를 표현하여 사소한 부분까지도 디자인하였음을 보여주고자 하였음

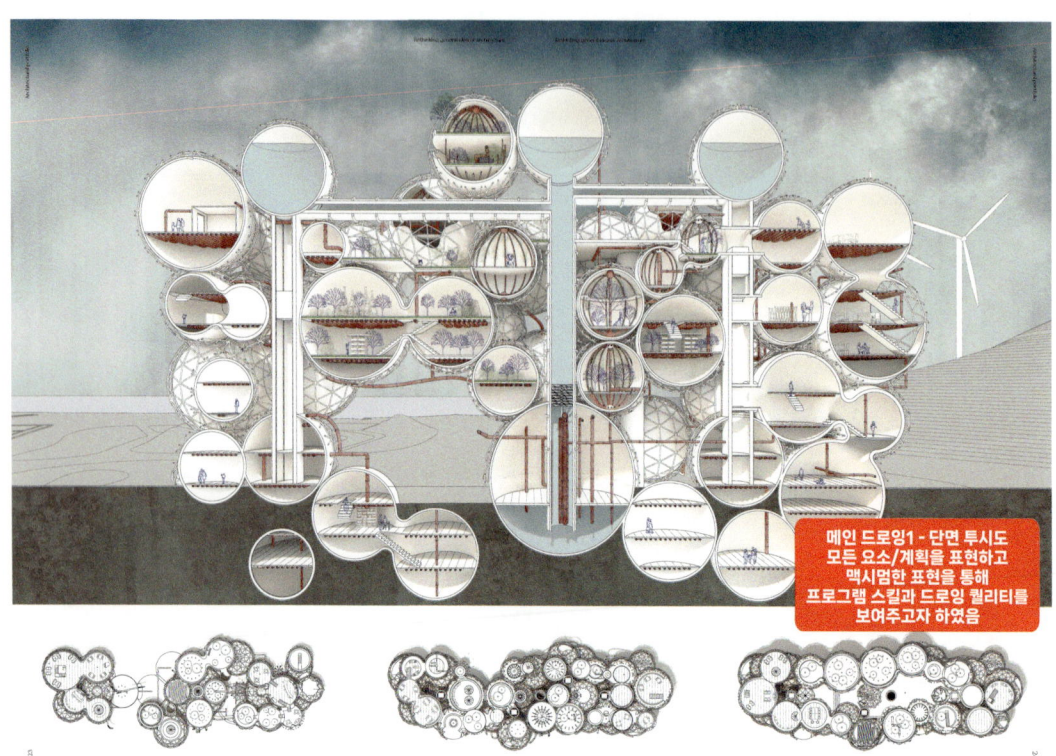

[그림 6-8] 메인 페이지 – 단면도(시스템 표현)

프로젝트 #1 The storage
의도: 앞서 그려진 다이어그램이 최종적으로 건축물에 어떻게 정리되고 있는지 보여주는 단면 투시도. 구의 형태상 2D 드로잉으로 그려지면 구의 볼륨이 느껴지지 않으므로 단면 투시를 선택하였으며, 그림자를 통해 각각 구의 크기와 깊이를 보여주고자 하였음. 최하단부에 위치한 평면도는 건축적인 표현을 절제하여 하나의 톱니바퀴, 부품 같은 느낌을 보여주고자 하였음

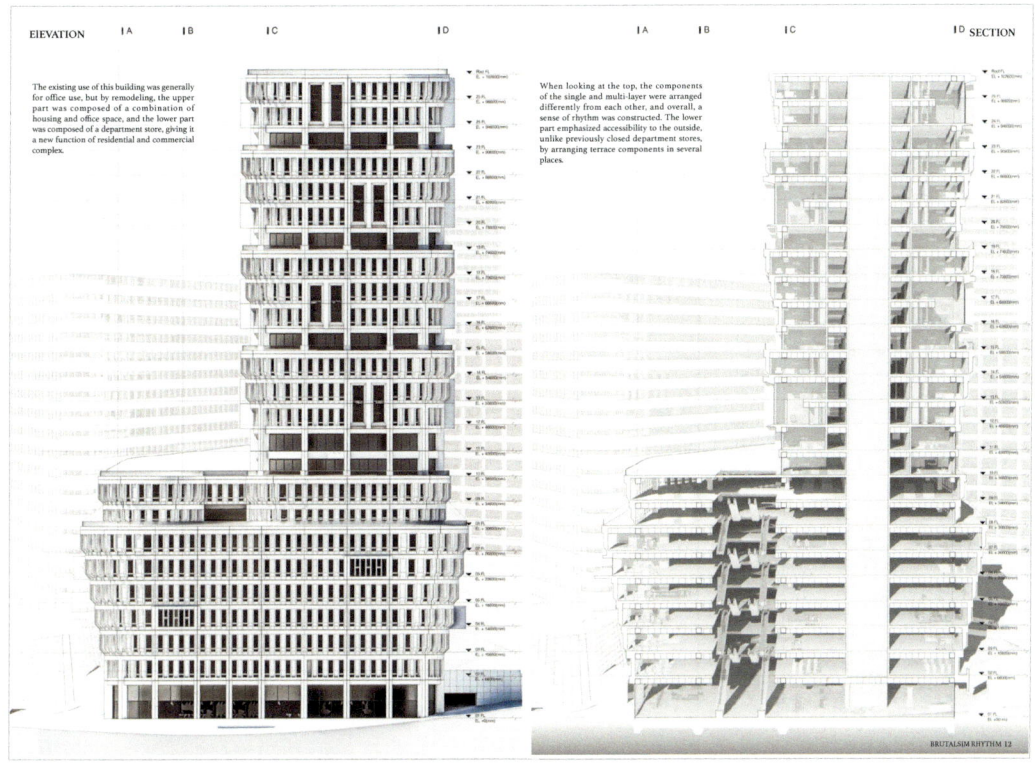

[그림 6-9] 메인 페이지 – 단면도(형태 및 구성 표현)

#이미지 소개

입면도(좌)는 2차원 도면으로 표현될 경우 건축물의 형태 파악이 어려워질 수 있다는 점을 고려하여 음영을 활용해 입체감과 깊이를 부여하였다. 또한 단순한 이미지로 보이지 않도록 각 층의 레벨, 축열, 치수 등을 기입해 도면으로서의 완성도를 높였다.

단면 투시도(우)는 음영과 투시를 적극 활용하여 건축물의 전체 형태를 효과적으로 드러내는 데 중점을 두었다. 대규모 프로젝트의 특성상 내부 공간 구성보다는 구조적 표현에 초점을 맞추었으며, 실명과 내부 요소는 전체 형태를 방해하지 않는 범위 내에서 단순화하였다.

배경은 치수선과 주변 건물의 입면 이미지를 활용하여 화면이 비어 보이지 않도록 균형감 있게 구성하였다.

[그림 6-10] 메인 페이지 - 1층 평면도

1-6 모형 사진(Physical model)

- **표현 및 제작 방식**: 모형 사진을 포토샵 등을 통해 후가공하여 제작
- **특징**: 콘셉트를 드러내기에 효과적이며, 가장 건축적인 의사소통 방법, 모형 제작 스킬 등 강조 가능
- **장단점**: 고품질의 모형 사진 필요. 모형만 있다면 모든 간지 중 제작 시간이 가장 짧을 수 있음
- **권장 표현 요소**:
    - 포토샵 등을 통해 반드시 후가공
    - 대비 등을 올려 정확한 의사 전달
    - 전체 모형 사진보다는 특정 부분 확대
    - 혹은 불필요 부분을 잘라내어 모형 이외의 부분이나 배경이 드러나지 않도록 배치

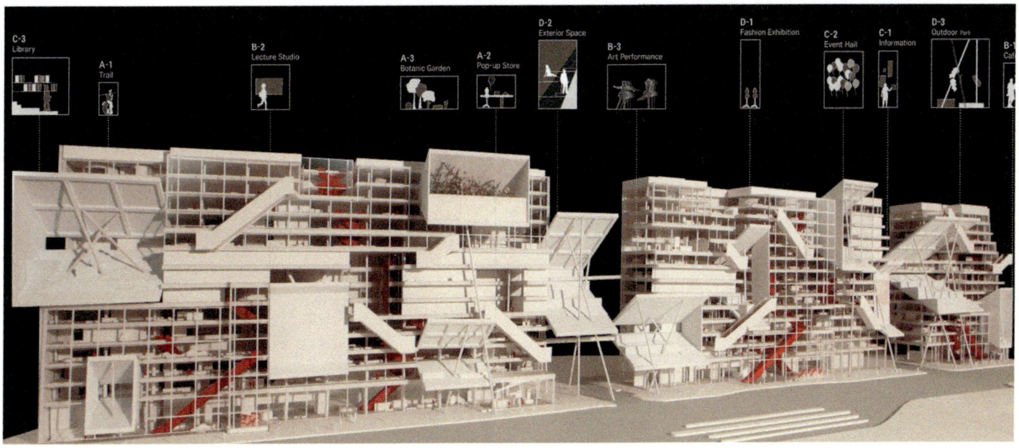

[그림 6-11] 메인 페이지 – 모형 사진

2 최종 다이어그램 및 결론

메인 페이지에서 콘셉트와 형태를 충분히 보여주었다면 그다음은 설명을 위한 다이어그램 페이지가 필요하다.

  다만 메인 페이지 직후에 다른 프로젝트의 간지로 넘어가면 페이지 위계가 과도하게 높아 균형이 깨질 수 있으므로, 최종 다이어그램 및 도면 페이지를 사이에 삽입하는 것이 적절하다. 이는 프로젝트의 설명을 보강하고, 포트폴리오 전체의 퀄리티 균형을 맞추는 데에도 유리하다.

● 프로젝트 결론에 적합한 다이어그램/도면 유형
    1. 동선 다이어그램 – 공간 흐름과 사용 행태 설명
    2. 분해도 – 구조적·공간적 관계를 시각화

3. 구조 · 설비 다이어그램 – 시스템적 설계 의도 표현
4. 층별 · 부위별 도면 – 공간의 위계와 기능별 배치
5. 확대 도면 – 특화된 디테일 강조
6. 실내 투시도 – 특정 공간의 공간감 전달
7. 모형 사진 – 실제 작업물의 물리적 증거 및 공간감 제시
8. 투시도 – 공간 및 이용성 표현

- **활용 전략**
  - 모든 프로젝트가 위 7가지 방식을 전부 사용할 필요는 없다.
  - 프로젝트 성격과 보유 자료에 따라 최소 1~2가지 방식 선택
  - 포트폴리오 전체(4~5개 프로젝트)에서는 동일한 표현 방식의 반복을 피하고 다양한 표현 방식(위 예시 7가지)을 골고루 활용하는 것이 이상적이다.

2-1 동선 다이어그램(Circulation diagram)

동선은 건축에서 가장 자주 다루는 콘셉트이다. 프로젝트가 동선을 중심으로 발전해왔다면 이미 메인 페이지에서 소개되었을 가능성이 크다. 그렇지 않더라도 완성된 프로젝트 안에서 계획된 동선이 의도대로 작동하는 모습을 보여주는 것은 매우 효과적인 표현 방식이 될 수 있다.

동선 다이어그램은 보통 단면도나 분해도를 통해 표현되며, 한 가지 동선만이 아니라 다양한 사용자의 유형에 따라 여러 흐름을 중첩시키는 방식이 바람직하다. 이때 단순히 복잡하게 겹치는 것이 아니라 서로 다른 성격을 지닌 동선이 의미 있는 관계를 형성하고 있다는 점을 드러내는 것이 중요하다.

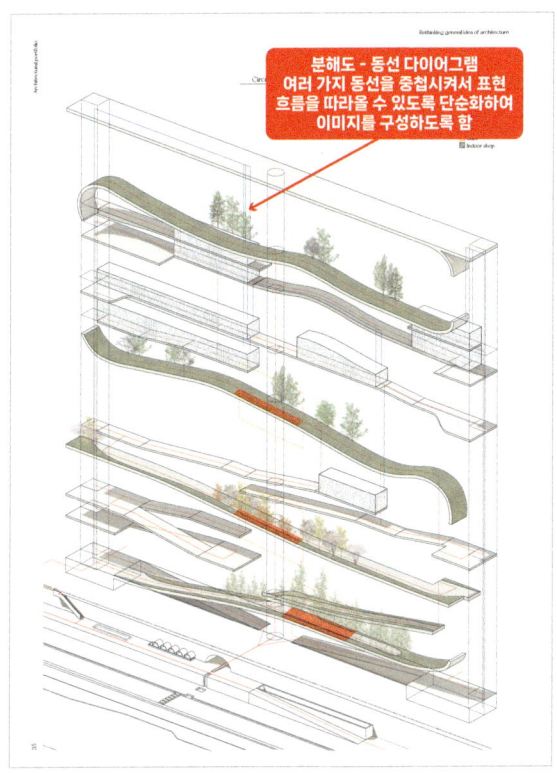

[그림 6-12] 동선 다이어그램

프로젝트 #2 Catalyst
의도: 건축물을 세로로 길게 분해한 뒤 동선을 표현하고자 하였으며, 건축물을 이용하는 방문객마다 선의 색을 다르게 표현하였음. 또한 드로잉 위에 글자가 겹쳐 가독성이 떨어지는 것을 고려하여 우측 상단에 범례로 미니멀한 표현과 설명을 추가하였음

2-2 분해도(Exploded diagram)

분해도는 건축물의 구성 원리를 가장 직관적으로 보여주는 다이어그램이다. 경우에 따라 동선과 결합해 표현할 수도 있으나, 본질적으로는 구조 · 구성 방식 · 신축 · 증축 관계 등을 드러내는 데 더 효과적이다.

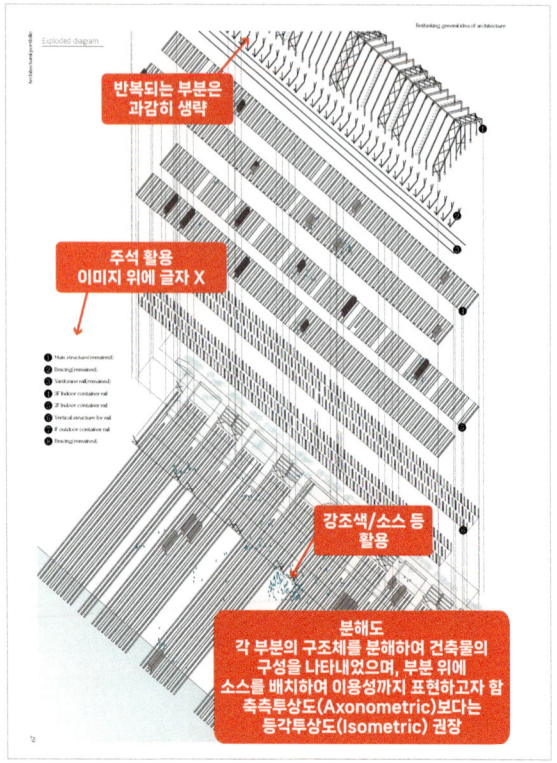

[그림 6-13] 분해도

프로젝트 #4 [RE]volution
의도: 리모델링 프로젝트의 특징상 건축물의 각 부분별 구성이 주요하므로 분해도를 작성하여 기존 부분/증축 부분을 구분해주며, 각 부분의 의도를 설명하고자 하는 의도로 제작하였음. 부분별 글자는 범례를 활용하여 미니멀하게 표현하였으며, 불안정한 Axonometric보다는 Isometric을 채택하였음. 또한 투상도의 특징상 좌측 상단 여백이 많이 생기는데 과감하게 반복되는 형태들은 잘리게 표현하여 이미지를 최대한 꽉 차 보이게 배치하였음

구성 방식은 보통 축측투상도(Axonometric)보다는 선명한 라인 드로잉을 활용한 등각투상도(Isometric) 구도가 적합하다. 또한 각 부분에 직접 텍스트를 붙이는 대신 번호를 매겨 지시선과 함께 배치하고, 별도의 범례로 설명을 정리하면 미니멀하면서도 가독성 높은 다이어그램을 만들 수 있다.

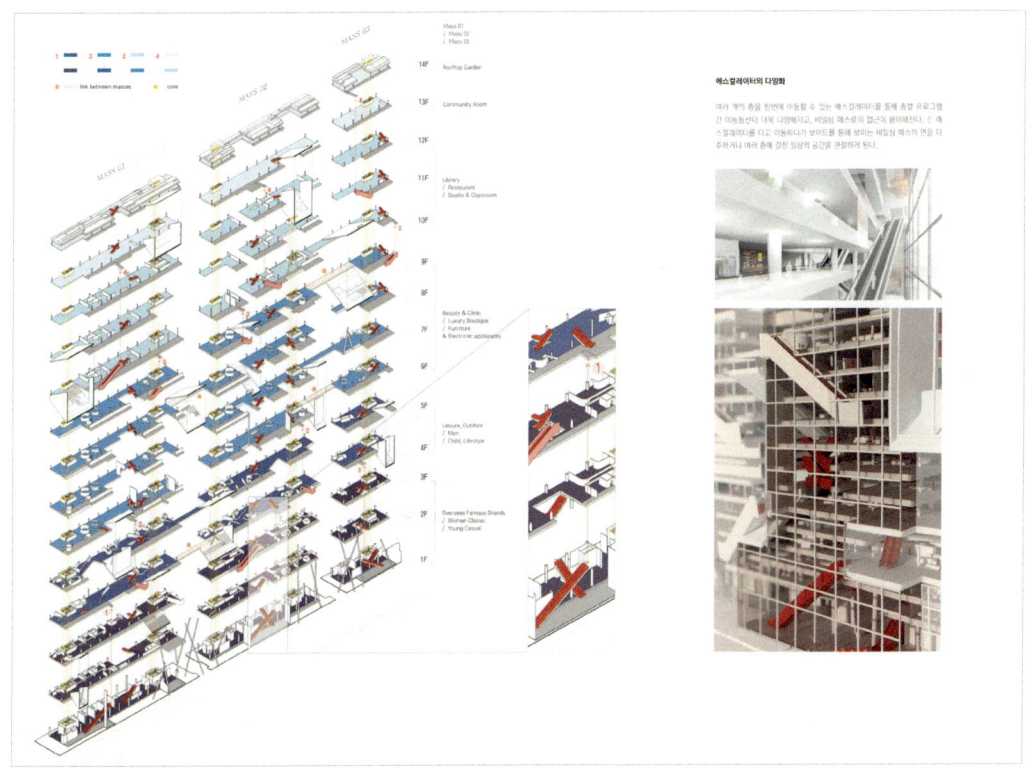

[그림 6-14] 분해도

2-3 구조·설비 다이어그램(Structure diagram)

구조와 설비는 건축물에서 빠질 수 없는 핵심 요소이지만 학생 단계에서 이를 계획 차원에서 충분히 다루기는 쉽지 않다. 그럼에도 프로젝트에 따라서는 특정 구조체가 개념이 되어 건축 전체를 규정하거나 기존 구조체와의 관계가 중요한 경우가 있다. 이런 상황에서는 구조를 강조하는 다이어그램이 오히려 프로젝트의 콘셉트를 강화하는 효과적인 도구가 될 수 있다.

보통은 단면도를 기반으로 표현하며, 구조체의 형상이나 설비 배관, 시스템의 흐름을 강조하는 방식이 일반적이다. 다만 단순한 기술적 표현이 아니라 프로젝트의 주제를 드러내는 맥락에서 구조를 다루어야 설득력이 생긴다.

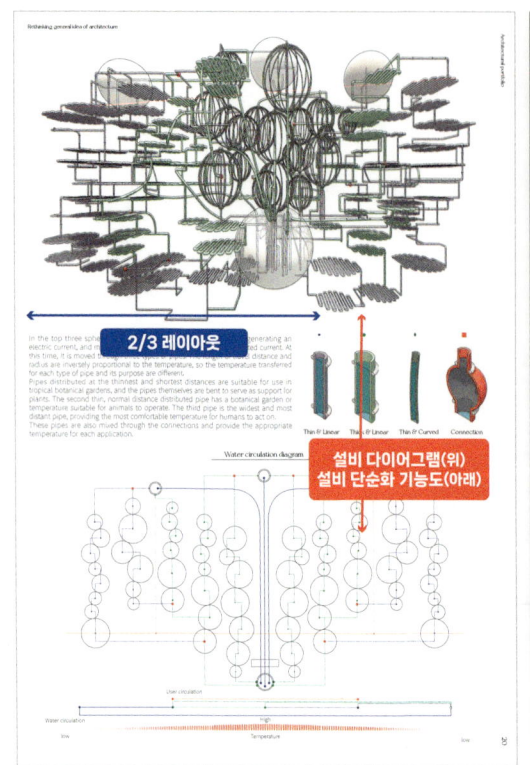
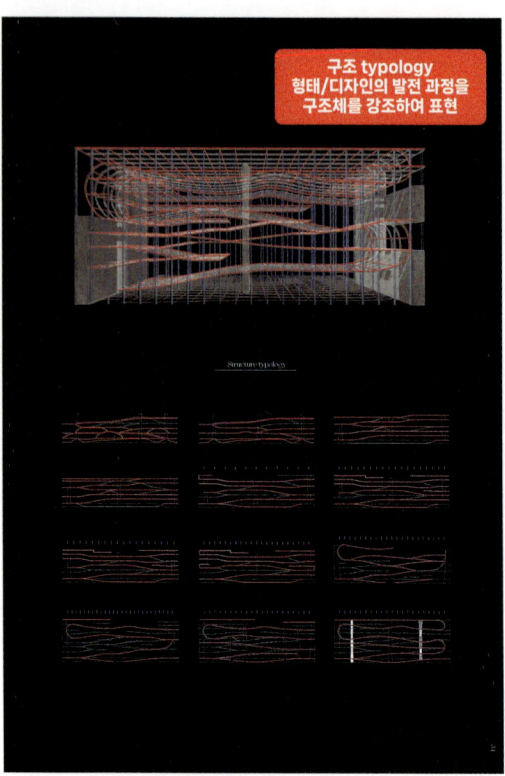

[그림 6-15] 구조 설비 다이어그램   [그림 6-16] 구조 설비 다이어그램

프로젝트 #1 The storage
의도: 건축물에 흐르는 배관이 각각 색깔별로 기능이 다르다는 것을 표현. 구현 가능한 배관 시스템은 아닐 수 있으며 비현실적으로 보일 수 있지만 가장 기능적인 부분에도 의도를 담고 계획했음을 보여주고자 하였음. 배관의 색과 굵기를 나누어 위계를 구분하고 하단부에는 단순화된 다이어그램을 추가하여 의도를 명확하게 표현하고자 함

프로젝트 #4 Catalyst
의도: 원하는 형태를 만들기 위한 유선형 구조체를 여러 가지로 실험하며 적절한 형태를 찾아냈다는 점을 보여주기 위한 구조 유형(Structure typology) 다이어그램

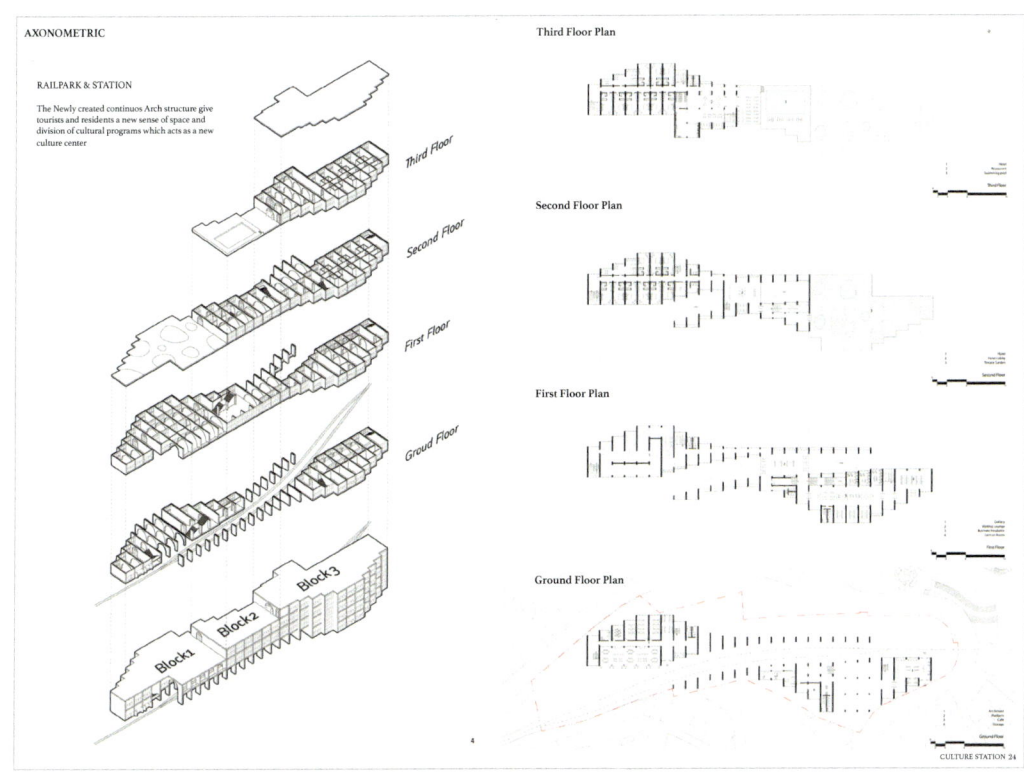

[그림 6-17] 구조체 강조형 도면

2-4 층별·부위별 도면(Architecture drawing)

도면은 건축에서 가장 기본적이면서도 강력한 의사소통 수단이다. 어떤 프로젝트든 도면이 없다면 건축적 프로젝트로 평가받기 어렵다. 따라서 실험적인 작업이라 하더라도 도면은 반드시 포함되어야 한다. 특히 구현 가능성이 높은 프로젝트라면 더욱 그렇다.

   도면을 표현할 때 가장 중요한 것은 '실무적으로 읽히는가'이다. 실무 지식이나 경험이 반영된 경우에는 실제 도면에 가까운 방식으로 표현하는 것이 좋다. 반대로 그렇지 않은 경우에는 두 가지 전략을 고려할 수 있다.

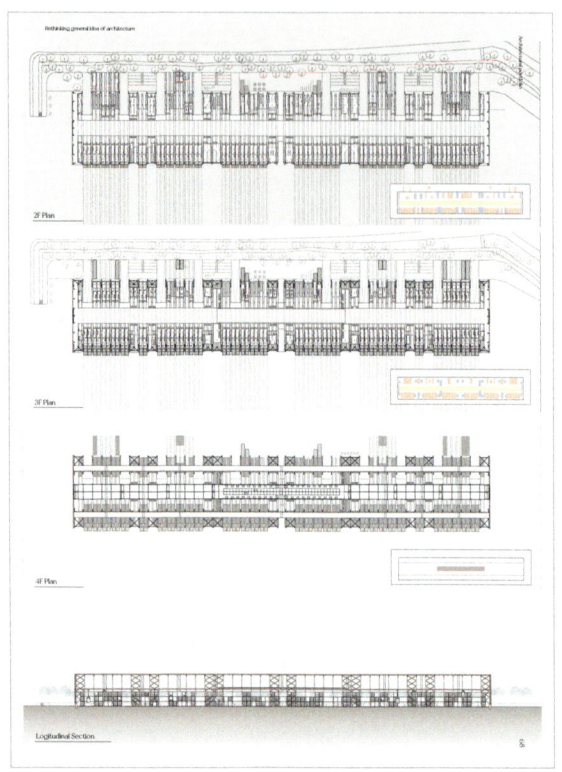

[그림 6-18] 다이어그램형 도면

① 구조체 강조형 도면

평면도·단면도에서 잘리는 구조체 단면을 진하게 표현하고, 가구나 세부 표현은 과감히 생략한다. 도시적 스케일을 강조하거나 구조적 형상이 주요한 프로젝트일 때 적합하다. 또한 미니멀한 표현을 지향하는 포트폴리오라면 강력한 선택지가 될 수 있다.

② 색을 활용한 다이어그램형 도면

선의 위계뿐 아니라 색을 활용해 구조체와 기타 요소를 구분한다. 이는 실무 도면과는 거리가 있지만 개념적 메시지를 직관적으로 전달하는 데 효과적이다. 조경·사람·구조체 등을 유색으로 표현하면 완성도 높은 다이어그램형 도면을 만들 수 있다.

2-5 부분 확대도면

확대도면은 기존 도면 속 특정 부분을 클로즈업해 보여주는 방식이다. 프로젝트가 모듈러 구조로 이루어졌거나, 특정 단위나 상세를 보여줄 필요가 있을 때 효과적이다.

확대도면으로 적합한 사례는 다음과 같다.

- 모듈러(Modular) 구조에서 개별 모듈(Module)
- 공동주택·주거 프로젝트의 단위세대(Unit) 혹은 세대 조합 방식
- 주거 프로젝트에서 단면 상세

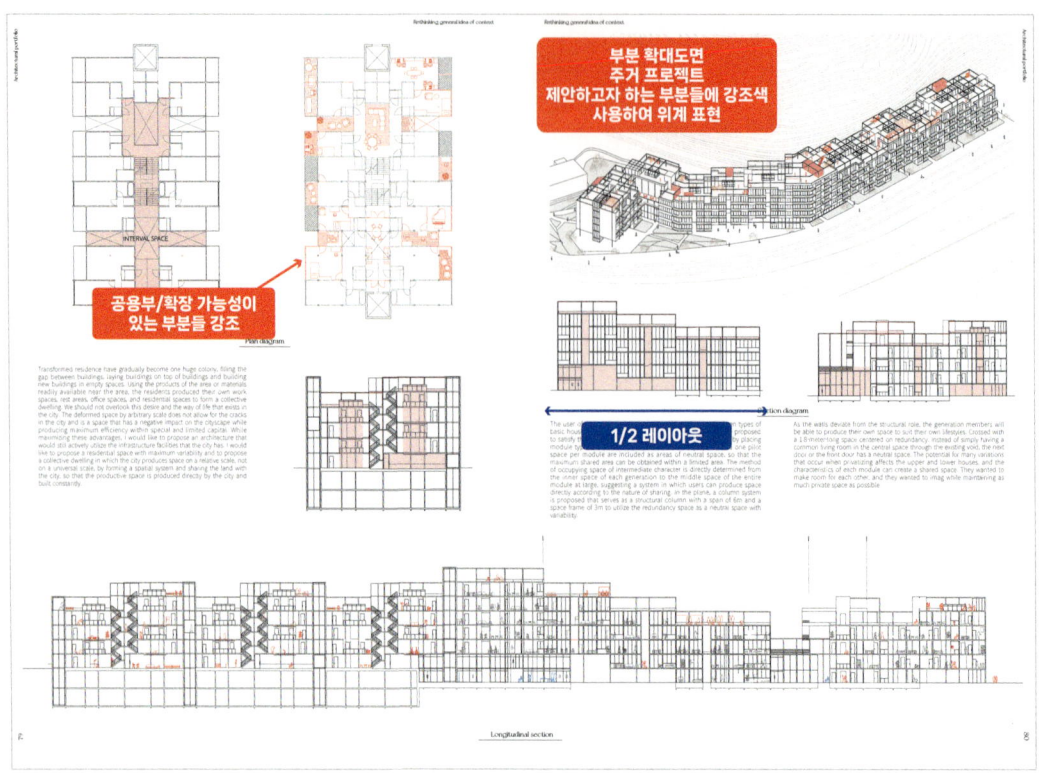

[그림 6-19] 부분 확대도면 – 주거 유닛 강조

프로젝트 #6 PH7
의도: 주거 프로젝트인 만큼 주거타입의 평면도를 디테일하게 보여주고자 하였음. 또한 도면에서 의도가 담긴 부분을 과감하게 선 색을 다르게 하여 강조되는 모습을 보여주고자 하였고, 해당 색을 다른 도면들과 드로잉에도 통일되게 키 컬러로 사용하여 통일성을 주었음

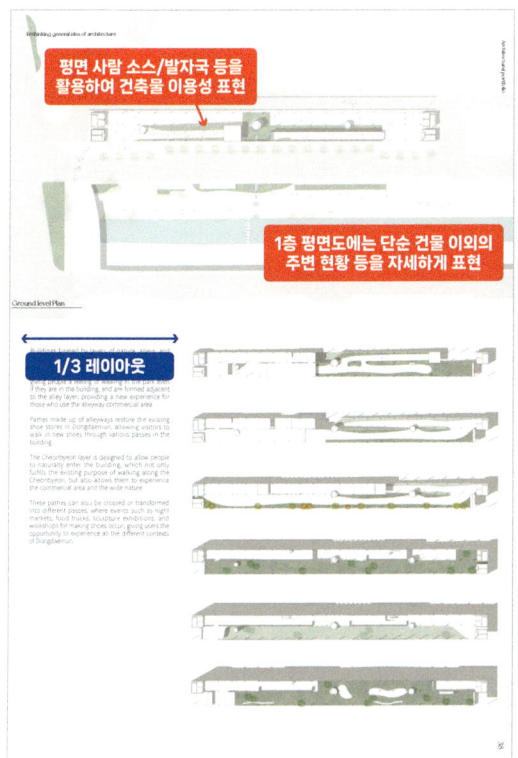

[그림 6-20] 부분 확대도면 - 콘셉트 등 이용성 표현

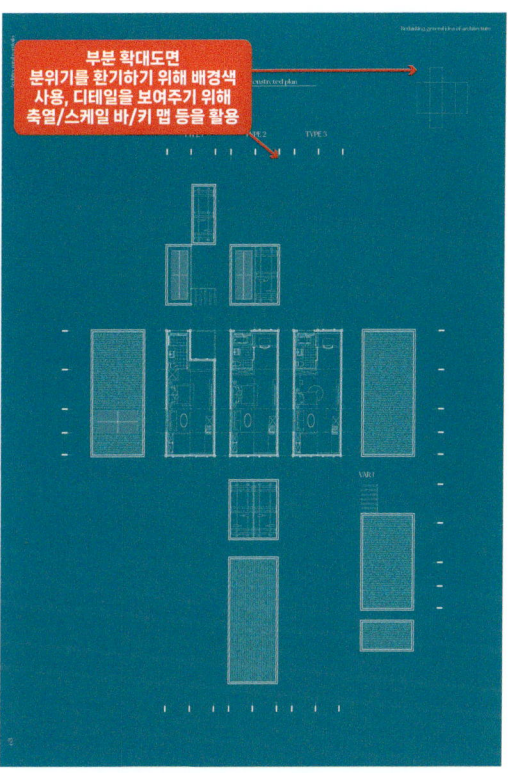

[그림 6-21] 부분 확대도면 - 기준평면도

프로젝트 #4 Catalyst
의도: 열린 공간이 많은 프로젝트 특징상 평면도에서 보이는 구조체나 벽들이 많지 않으므로 오히려 생생한 사람 소스를 많이 사용하여 건축 구조체보다는 사람들의 이용과 동선의 흐름에 주목하고자 하였음

프로젝트 #2 [RE]volution
의도: 프로젝트의 기본 기하학인 컨테이너 박스를 분해하여 기본 타입을 보여주고자 하였음. 상대적으로 디테일하게 작성되어 구현 가능성이 조금 더 높음을 보여주고자 하였으며, 과감하게 배경색을 키 컬러로 변경하여 분위기를 환기하고자 하였음

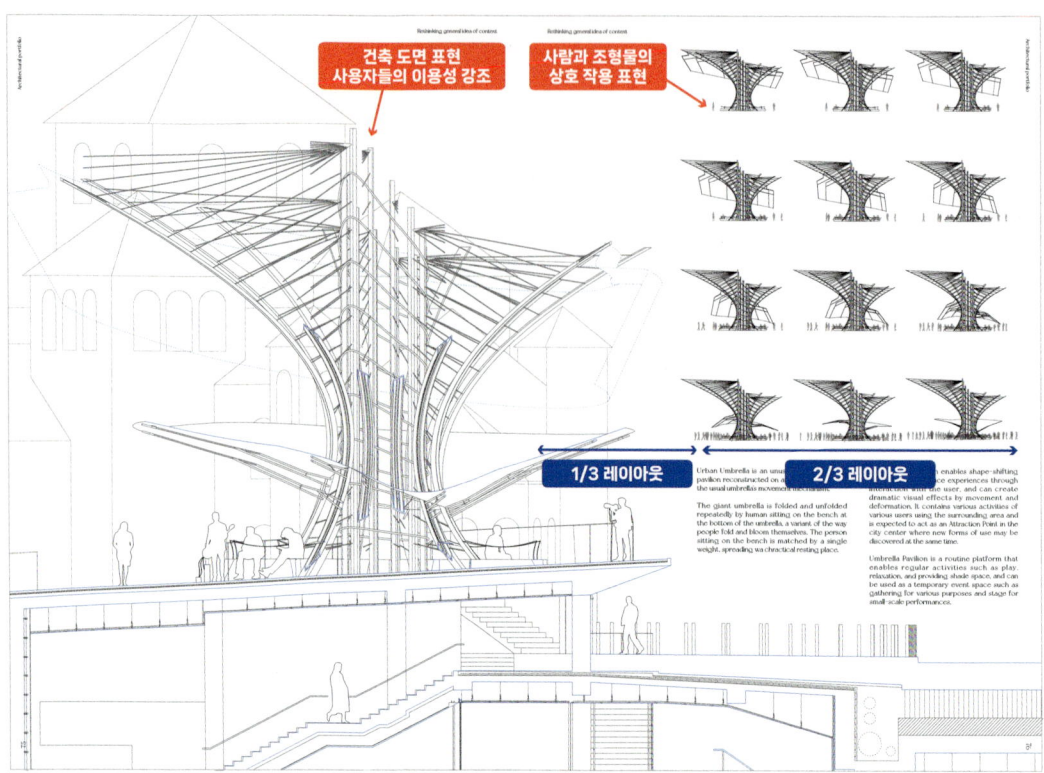

[그림 6-22] 부분 확대도면 – 디테일 및 움직임 표현

프로젝트 #5 UU
의도: 우측 상단, 사용자들의 이용에 따라 변화하는 구조체의 단계별 변화 모습을 보여주고, 가장 원활하게 활용될 때의 모습을 크게 도면화하여 작성하였음. 확대도면인 만큼 부분부분의 디테일까지 표현하고자 하였음

[그림 6-23] 실내 투시도 – Hyper-realistic rendering

2-6 실내 투시도(Interior perspective)

주거 프로젝트나 공공성이 강한 프로그램에서는 실내 투시도가 효과적인 설득 도구가 된다. 표현 방식은 다양하지만 단순한 라인 드로잉보다 극사실주의 렌더링과 같은 사실적 표현이 더욱 설득력 있다.

  인테리어 디자인, 실내 건축, 전시 계획, 공간 디자인과 같이 실내적 성격이 중요한 분야를 지향한다면 각 프로젝트마다 한두 장 정도의 실내 투시도를 포함하는 것이 권장된다. 이를 통해 공간적 감각과 사용자의 체험을 강조할 수 있다.

[그림 6-24] 실내 투시도 – Conceptual rendering

2-7 모형 사진(Physical model)

모형 사진은 프로젝트의 아이디어와 형태를 가장 직관적으로 전달할 수 있는 표현 방식이다. 앞선 메인 페이지나 간지에서 이미 활용할 수도 있지만, 해당 부분에서 모형 사진을 사용하지 않았다면 프로젝트의 결론 단계에서 제시하는 것도 효과적이다.

모형은 건축 프로젝트와 떼려야 뗄 수 없는 중요한 결과물이므로 최소한 한 개 이상의 프로젝트에서는 반드시 수록하는 것이 바람직하다. 특히 디지털 이미지와 도면만으로는 부족할 수 있는 물리적 공간감과 질감을 보완해주기 때문에 포트폴리오의 완성도를 높이는 역할을 한다.

[그림 6-25] 모형 사진(부분)

프로젝트 #1 The storage & 프로젝트 #4 [RE]volution
의도: 모형 위주의 프로젝트가 많지 않으므로 모형 사진을 최대한 배치하고자 하였으며, 전체를 보여주면 모형의 특징상 모형이 끝나는 부분들이 어색해 보일 수 있으므로 최대한 부분적으로 보여주고자 하였음. 대비를 강하게 주어서 의도를 공감할 수 있게 계획하였으며, 의도적으로 너무 크게 넣어서 페이지가 단순 사진 한 장만으로 구성된 것 같이 보이지 않게 여백을 주었음. 이후 모형의 재료나 전체 모형의 크기 등을 기입하여 조금더 작품처럼 보일 수 있게 계획

[그림 6-26] 투시도

프로젝트 #2 Catalyst
의도: 열린 공간이 매우 많은 프로젝트이므로, 외부의 맥락(기후, 시간, 이용자 등)이 변화함에 따라 건축물의 형태나 분위기도 따라 변할 수 있다는 점을 보여주고자 하였음.
하늘효과를 다양하게 변주를 줌으로써 조금더 몽환적이고 개념적인 소통을 하고자 하였음

2-8 투시도(Perspective)

투시도는 앞서 간지나 메인 페이지에서 사용하지 않았을 경우 최종 결론 부분에서 제시하기에 적합한 이미지다. 건축적 의사소통 방법 중 가장 효과적인 것은 도면, 모형 사진, 투시도를 꼽을 수 있는데, 프로젝트별로 최소 한 가지 이상은 반드시 포함하는 것이 바람직하다. 이는 지원자의 다양한 스킬과 표현 능력을 보여주는 데에도 유리하다.

결론 페이지에서 활용되는 투시도는 프로젝트의 성격과 의도에 맞게 자유롭게 제안할 수 있다. 예를 들어 개념적(conceptual) 접근, 만화적(cartoonistic) 표현, 극사실주의(hyper-realistic) 렌더링 등 다양한 방식이 가능하다. 중요한 것은 단순히 시각적으로 화려한 결과를 보여주는 것이 아니라, 프로젝트의 콘셉트와 표현 방식이 긴밀하게 연결되어 있어야 한다는 점이다. 따라서 본인이 보여주고자 하는 건축적 메시지와 스킬 세트에 가장 적합한 방식을 선택해 투시도를 제작하는 것이 권장된다.

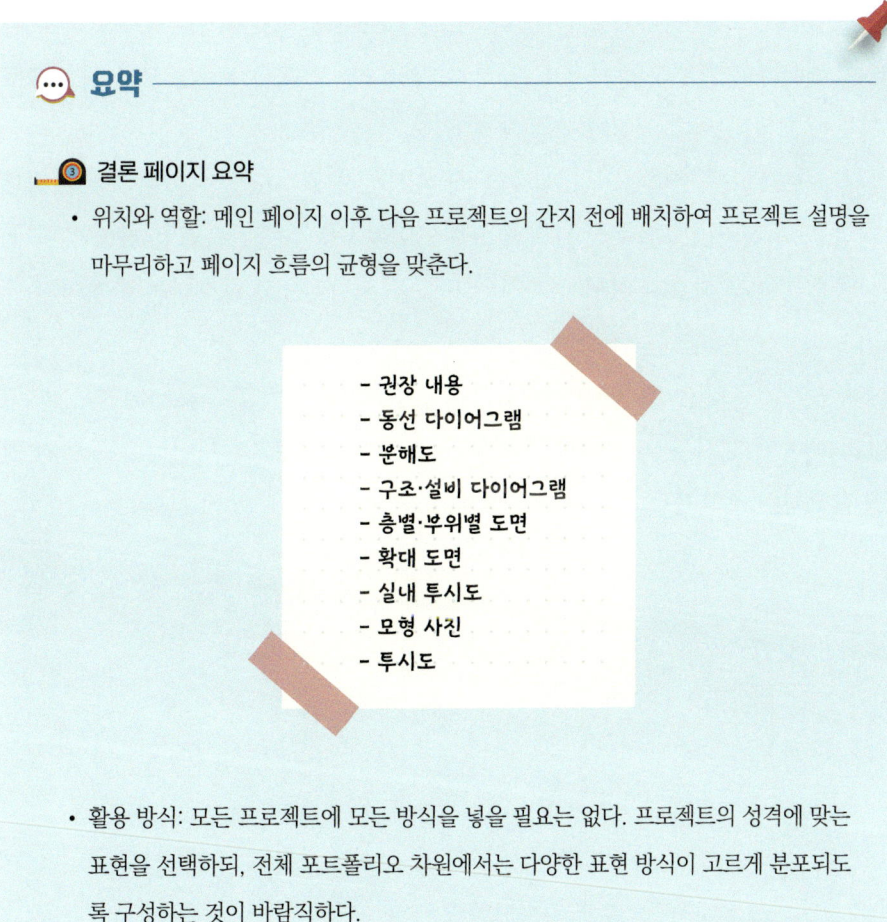

💬 요약

📏 결론 페이지 요약
- 위치와 역할: 메인 페이지 이후 다음 프로젝트의 간지 전에 배치하여 프로젝트 설명을 마무리하고 페이지 흐름의 균형을 맞춘다.

  - 권장 내용
  - 동선 다이어그램
  - 분해도
  - 구조·설비 다이어그램
  - 층별·부위별 도면
  - 확대 도면
  - 실내 투시도
  - 모형 사진
  - 투시도

- 활용 방식: 모든 프로젝트에 모든 방식을 넣을 필요는 없다. 프로젝트의 성격에 맞는 표현을 선택하되, 전체 포트폴리오 차원에서는 다양한 표현 방식이 고르게 분포되도록 구성하는 것이 바람직하다.
- 핵심 원칙: 최종 다이어그램과 도면은 단순한 부록이 아니라 프로젝트의 개념과 완성도를 시각적으로 종합하는 장치다. 따라서 선택과 배치에 전략성이 필요하다.

2-9 기타 건축 드로잉(Architectural Drawings)

본문에서 다룬 대표적인 이미지 외에도 건축 프로젝트를 표현할 수 있는 다양한 드로잉이 존재한다.

이는 다른 건축가들의 포트폴리오나 전시 이미지, 웹사이트 등을 통해서도 쉽게 찾아볼 수 있다. 이때 가장 놓치기 쉬운 부분은 '그 이미지가 본인의 프로젝트에 적합한가' 그리고 '건축적인 요소를 담고 있는가' 하는 점이다.

아름다운 이미지만을 좇다 보면 프로젝트의 본질과 맞지 않는 이미지를 제작하거나 삽입하게 되는 경우가 종종 있다. 또한 겉보기에는 프로젝트에 부합하는 이미지라 할지라도 건축적인 내용이 담기지 않았다면 건축 포트폴리오나 프로젝트의 의도를 전달하는 데 적절하지 않을 수 있다.

따라서 드로잉을 선택하거나 제작할 때는 시각적 완성도뿐만 아니라 프로젝트의 개념, 공간적 사고, 건축적 논리가 표현되었는지를 우선적으로 고려해야 한다. 이는 단순한 시각 자료가 아닌 설계자의 사고를 시각적으로 해석하는 과정이기 때문이다.

아래에는 본문의 주요 항목에서 다루지 않은 다양한 건축 드로잉의 예시와 그 장단점을 함께 제시하였다. 특수한 건축적 표현이 필요할 경우 이러한 드로잉 방식을 참고하여 프로젝트의 특성과 목적에 맞게 활용하도록 한다.

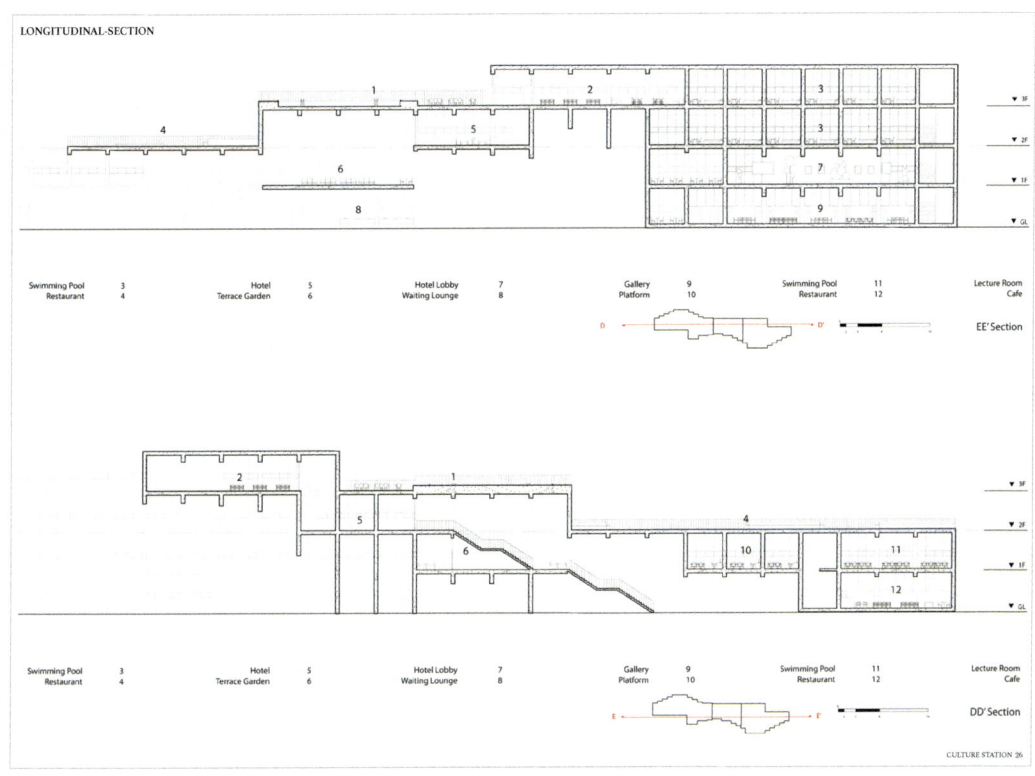

[그림 6-27] 단순하게 표현된 건축 도면

* **기타 건축 드로잉 #1 - 건축도면**
간지 · 메인 페이지 · 본론 페이지 등에서 단순한 표현 방법보다는 다양한 요소를 최대치로 표현하였다면 도면은 단순하게 표현하는 것이 더욱 유리할 수 있다. 또한 단순한 도면은 건축물의 형태나 구성을 한눈에 보여주는 가시성 좋은 설명이자 실무적인 능력치를 강조할 수 있는 수단이 된다.

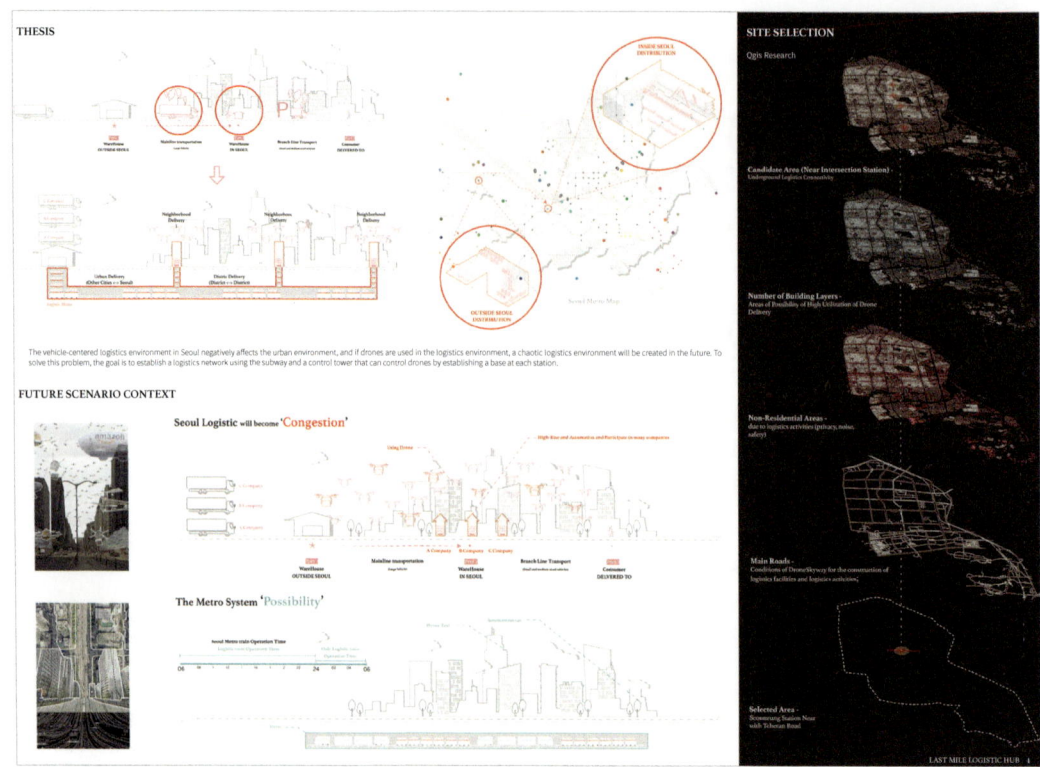

[그림 6-28] 디테일 분석

* **기타 건축 드로잉 #2 - 디테일 분석**
분석이나 이론이 주가 되는 건축 프로젝트라면 분석 페이지에서 대상지와 사용자 등을 디테일하게 분석하였을지라도 건축화 과정을 거치며 혹은 대상지 및 도시에 적용되며 생기는 다양한 기대효과 등을 다시 한번 보여줄 수 있을 것이다.

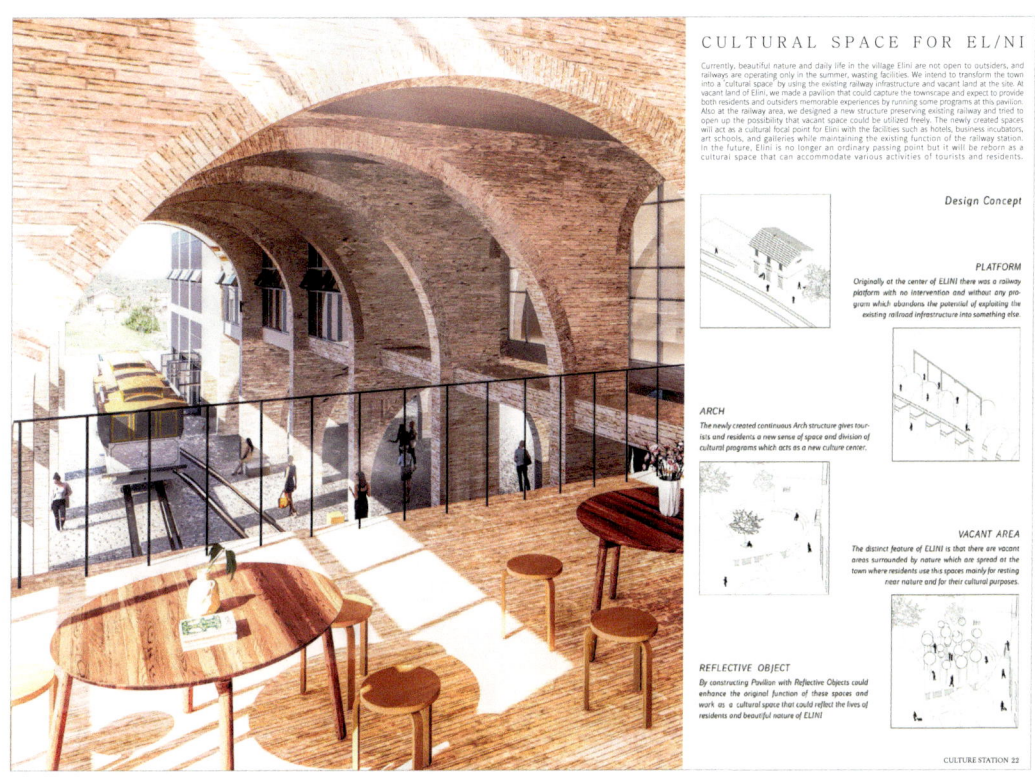

[그림 6-29] 부분 렌더링

* **기타 건축 드로잉 #3 - 부분 렌더링**
특정한 공간이 핵심이 되는 건축 프로젝트 혹은 특정한 재료 등을 표현해야 하는 프로젝트의 경우 다양한 각도의 렌더링을 배치함으로써 건축물의 형태를 표현하는 수단이 될 수 있을 것이다. 이러한 이미지의 경우 굳이 전체를 보여줄 필요는 없으며 의도에 따라 과도한 왜곡이나 대비 등을 사용하는 것도 효과적일 수 있다.

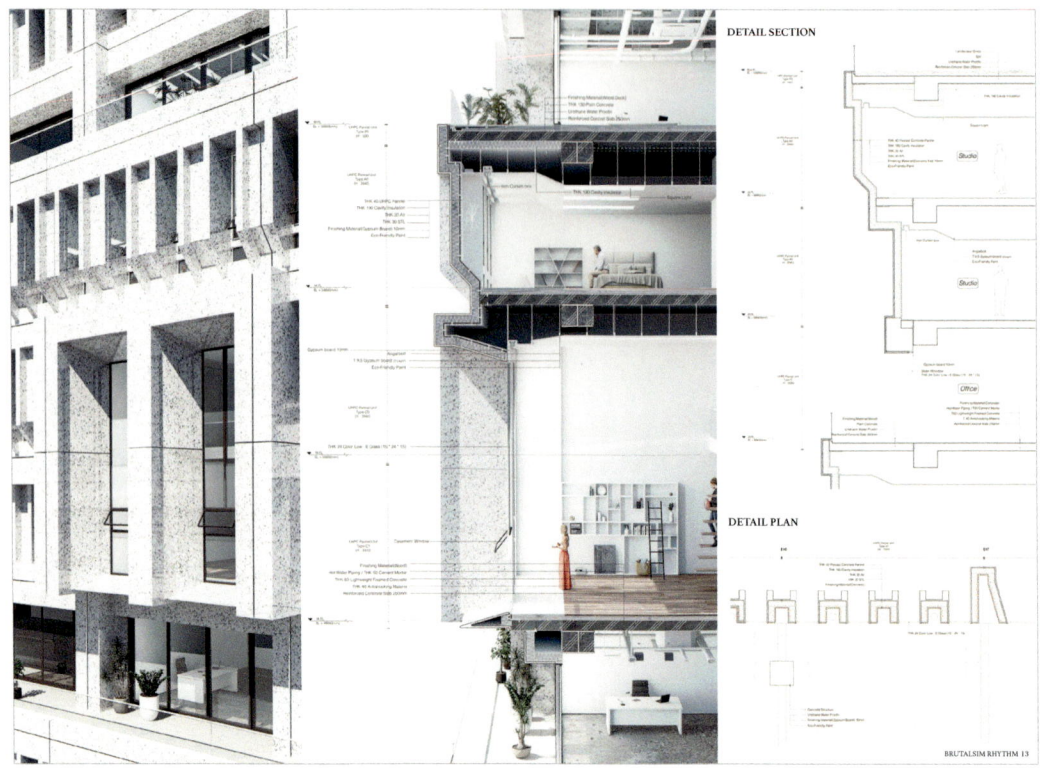

[그림 6-30] 부분 상세도

* **기타 건축 드로잉 #4 – 부분 상세도**
학부 포트폴리오에서 상세도와 같은 실무적인 내용을 추가하는 것은 굉장히 위험한 일이다. 따라서 권장되지 않는 내용일 수 있지만, 프로젝트의 성격상 불가피하게 상세도를 통해 소통하여야 하는 경우가 있을 것이다. 이러한 경우 단순히 흑백 선으로 이루어진 도면으로 소통하게 된다면 그 의도가 명확히 드러나지 않고, 실무자들이 매일 수십 번씩 보는 그저 단순한 상세도 도면으로 여겨질 수 있다. 따라서 상세도와 투시도 이미지, 렌더링 등을 병렬 배치하여 설계자의 의도와 이미지의 퀄리티를 보여주도록 하는 것이 효율적일 수 있다.

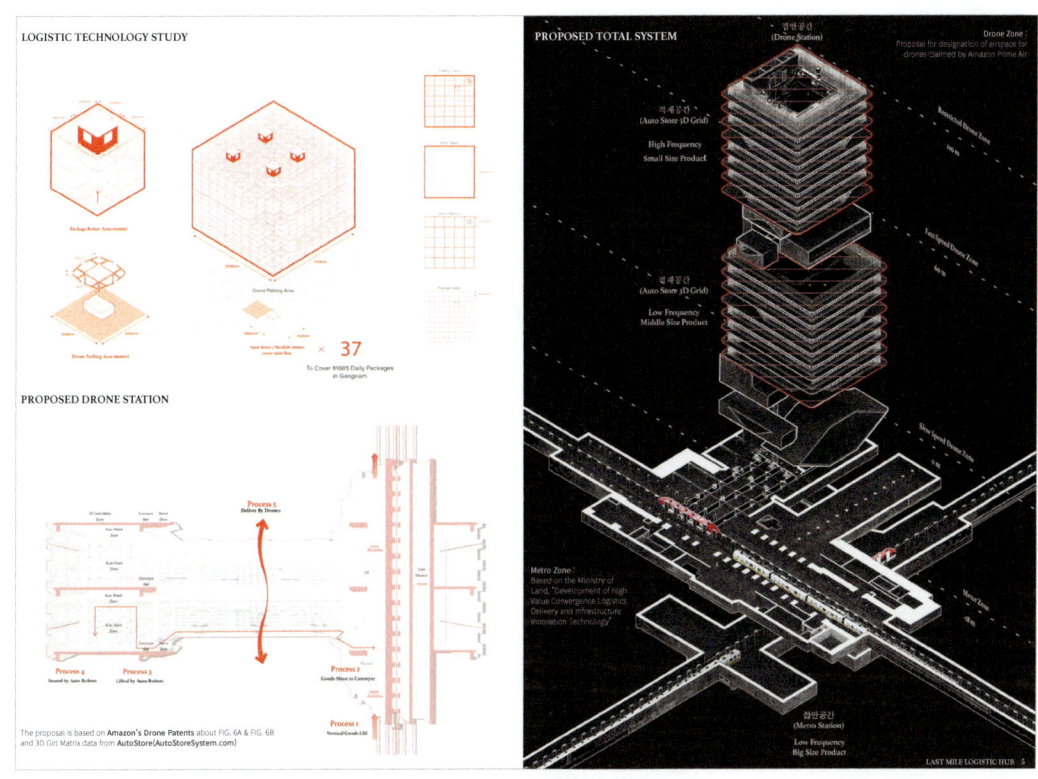

[그림 6-31] 이미지를 통한 시스템 설명

* **기타 건축 드로잉 #5 - 이미지를 통한 시스템 설명**
여러 가지 학부 프로젝트 중 규모가 큰 프로젝트의 경우 실내의 세부적인 공간 구성이나 디테일까지 계획되지 못하고 프로젝트가 마무리되는 경우가 비일비재하다. 이러한 프로젝트의 경우 부분 투시도나 상세도 등으로 소통하는 것보다 건축물 전체를 구성하는 계획 단위를 보여주는 방법으로 소통하거나 전체의 시스템을 다양한 방식으로 보여주는 방법이 효과적이다. 전체를 보여주는 이미지가 반복되더라도 동선·구조체·설비 등 각각의 이미지마다의 주제가 다르다면 프로젝트를 이해시키기에 효과적일 수 있다.

P·O·R·T·F·O·L·I·O

Chapter

7

서브 프로젝트 및 개인 작업 제작

Chapter 6까지의 방향성으로 모든 메인 프로젝트(4~6개)의 제작이 끝났다면 그 이후에는 보다 가벼운 성격의 서브 프로젝트 및 개인 작업을 배치할 차례이다. 다만 이 부분은 모집 요강에 따라 생략될 수 있으며, 지원 기관에서 포트폴리오 페이지 수를 제한한다면 반드시 포함해야 하는 내용은 아니다. 그러나 대부분의 회사·학교는 서류 심사 이후 또는 면접 과정에서 추가 작업물을 요청하는 경우가 많기 때문에 여유가 있다면 제작해두는 편이 여러 모로 유용하다.

1 서브 프로젝트 제작

서브 프로젝트란 메인 프로젝트에 포함되지 않은 다양한 작업을 의미한다. 대표적으로는 공모전, 팀 프로젝트, 인턴 작업물, 시공 경험(파빌리온 등) 혹은 수상하지 못한 공모전 프로젝트 등이 해당된다.

적절한 서브 프로젝트가 없다면 억지로 새로운 프로젝트를 제작하기보다는 기존 메인 프로젝트의 깊이를 보강하는 것도 좋은 선택지다. 또한 서브 프로젝트는 과정이 다소 생략되거나 분량이 부족해도 큰 문제가 되지 않으므로 과감하게 작업할 수 있다는 장점이 있다.

메인 프로젝트와 가장 큰 차이는 과정 기록 여부이다. 메인 프로젝트는 기획·분석·발전 과정을 통해 건축적 사고와 가치관을 드러내야 하지만, 서브 프로젝트는 다양한 경험을 보여주는 것이 주된 목적이므로 결과물과 개요 중심으로 구성하는 것이 바람직하다.

1-1 서브 프로젝트 – 공모전

공모전 참여는 수상 여부와 상관없이 큰 장점이 된다. 따라서 규모나 결과와 무관하게 반드시 포트폴리오에 수록하길 권장한다. 팀 프로젝트라면 본인의 역할과 담당했던 도면명을 명확히 기입하여 협업 능력과 커뮤니케이션 역량을 보여주는 것이 중요하다.

   공모전은 대부분 대형 패널 형태로 제출되는데, 이를 포트폴리오에 그대로 축소해 넣으면 글자와 이미지의 가독성이 크게 떨어진다. 따라서 패널을 직접 줄이기보다는 그 안에 담긴 이미지와 텍스트를 개별적으로 분리해 재구성하는 방식이 적합하다.

수록 방법
- 공모전 콘셉트 페이지 + 개요 + 본인 역할 기입
- 주요 다이어그램 및 프로세스(패널 축소 삽입은 지양)
- 최종 형태, 모형 사진, 도면 등

[그림 7-1] 공모전 패널 재구성 이미지

프로젝트 #6 PH7
의도: 세로로 길게 제작되었던 공모전 패널을 분해하여 포트폴리오 레이아웃에 맞게 확대/축소하여 재구성. 빈 공간이나 어색한 공간 등에는 그림별 제목 등을 기입하여 페이지의 균형을 잡아주었음

1-2 서브 프로젝트 - 인턴 경험

회사 규모와 관계없이 건축사사무소 재직 경험은 큰 장점이다. 비교적 짧은 기간이라 하더라도 경험이 있다면 반드시 수록하길 권한다.

만약 본인이 참여한 프로젝트의 도면이나 이미지를 확보하지 못했다면 회사 전경, 본인의 책상, 동료와 함께 일하는 모습 등을 담아 경험을 드러내는 것도 좋은 방법이다. 중요한 것은 '결과물의 크기'보다 실제 경험을 했다는 사실과 역할을 전달하는 것이다.

수록 방법
- 참여 프로젝트 개요 및 본인 역할 기입
- 현상설계 다이어그램, 실시설계 도면, 기본설계 모형 등(가능하다면)
- 결과물이 없을 경우 사진 중심으로 경험을 전달

1-3 서브 프로젝트 – 시공 경험

건축은 본질적으로 시공과 구현 가능성과 연결되어 있다. 실무에서는 구현 불가능한 프로젝트의 가치는 떨어지므로 포트폴리오에서도 시공 경험을 수록하면 큰 강점이 된다.

학생 신분에서 건축물의 시공에 직접 깊이 관여하기는 어렵기에 학부 수준에서는 시공 참여 경험을 '노동(Labor)'의 관점에서 기록하는 것도 효과적이다. 예컨대 현장에서 건축물이나 설치물을 운반·조립·쌓는 경험을 통해 구현 과정에 대한 이해도를 보여줄 수 있다.

수록 방법
- 프로젝트 규모나 위치보다는 본인의 참여와 역할 위주로 서술
- 간단한 개요 및 진행 과정 소개
- 현장 사진, 본인의 참여 모습 등을 수록

[그림 7-2] 파빌리온 설계~제작 프로젝트

프로젝트 #11 UAUS
의도: 프로젝트 개요나 발전 과정 등은 과감히 생략하고 실제 구현되었던 프로젝트임을 강조하기 위해 사진으로 구성. 흥미가 있다면 글을 읽어볼 것이므로, 흥미와 경험만을 강조

1-4 서브 프로젝트 - 팀 프로젝트/해외 건축 경험

공모전 이외에도 교류 프로그램이나 해외 건축 프로젝트 참여 경험이 있다면 수록하는 것이 좋다. 이때는 프로젝트의 완성도보다는 여러 사람들과의 협업과 의사소통 경험을 강조하는 것이 핵심이다. 따라서 텍스트로 프로젝트 내용을 길게 설명하기보다는 활동 사진을 중심으로 소통 능력과 참여도를 보여주는 것이 효과적이다.

[그림 7-3] 해외 프로젝트 수록

프로젝트 #7 Alley scape
의도: 해외에서 참여했던 프로젝트로, 디테일한 발전 과정도 좋지만 보는 사람에게 대상 국가와 도시에 대한 사전 이해를 요구하였으므로 단순 대상지 사진을 많이 삽입하여 잡지처럼 구성하였음. 또한 배경색을 어둡게 하여 기존 국내 프로젝트들과 차별점을 두었으며 분위기를 환기하였음. 최종적으로는 해외 대학교에 전시된 패널 등을 보여줌으로써 해외 경험과 다양한 프로젝트 경험까지 보여주는 계기로 삼고자 하였음

수록 방법
- 참여한 팀 및 프로젝트 개요 기입
- 프로젝트 설명보다는 활동 사진 위주로 구성해 의사소통 능력 강조

[표 7-1] 서브 프로젝트 요약 내용

	공모전	인턴	시공 경험	팀 프로젝트 해외 경험
전략	경쟁 프로젝트 참여 경험	건축사사무소 경험	구현 가능성 및 현장 분위기 경험	의사소통 및 다양한 프로젝트 참여 보여주기
기대 효과	의사소통 능력/ 보고서 작성 능력/ 패널 작성 능력 등	의사소통 능력/ 협업 능력/ 특정 분야의 사회 경험 등	현장 이해/ 건축에서 노동이 가지는 의미 등	의사소통 능력/ 협업 능력/ 해외 경험 등
수록 방법	프로젝트 발전 과정보다 개요와 결과물 위주, 본인 참여 부분 수록	도면, 모형 사진, 업무사진 등 다양하게 기록	완공 사진 혹은 시공 단계에 참여하는 사진들로 기록	대상 국가 혹은 지역 사진을 잡지처럼 구성하여 분위기 환기
기타	수상 및 공모전 규모는 크게 상관없음		프로젝트 내용보다는 경험 위주로 기록	

2 개인 프로젝트 수록

포트폴리오의 마지막 단계는 개인 프로젝트이다. 이 부분은 앞서 다룬 서브 프로젝트보다 위계가 낮기 때문에 프로젝트의 볼륨이 작거나 수록할 만한 작업이 없다면 생략해도 무방하다. 특히 지원하려는 회사나 학교의 포트폴리오 페이지 제한이 엄격하다면 우선순위에서 제외하는 것이 바람직하다.

그러나 대부분의 경우 면접이나 추가 심사 과정에서 선택적인 자료를 요구하는 경우가 종종 발생한다. 시간적 여유가 있다면 준비해두는 것이 유용하며, 실제 활용할 기회가 없더라도 학부 생활을 정리하고 아카이빙한다는 의미만으로도 충분한 가치가 있다.

개인 프로젝트는 디테일한 개요나 발전 과정보다는 경험과 체험을 중심으로 한 기록이 적합하다. 사진 위주의 간단한 구성만으로도 충분하며, 짧게는 한 프로젝트당 하프 페이지(A4 세로 1매 크기, 210×297mm)로 정리해도 무리가 없다.

개인 프로젝트에 수록할 수 있는 예시는 다음과 같다.

- 건축 사진
- 건축 스케치
- 취미 활동
- 강의 활동
- 유튜브 운영
- 매체 출연 및 수록 경험
- 전시 경험
- 해외 건축 답사 경험
- 책 출판
- 기타 개인적 시도 및 성과

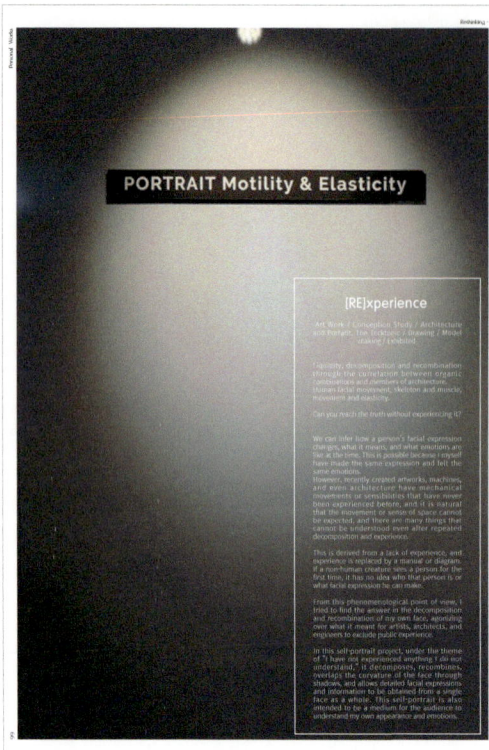
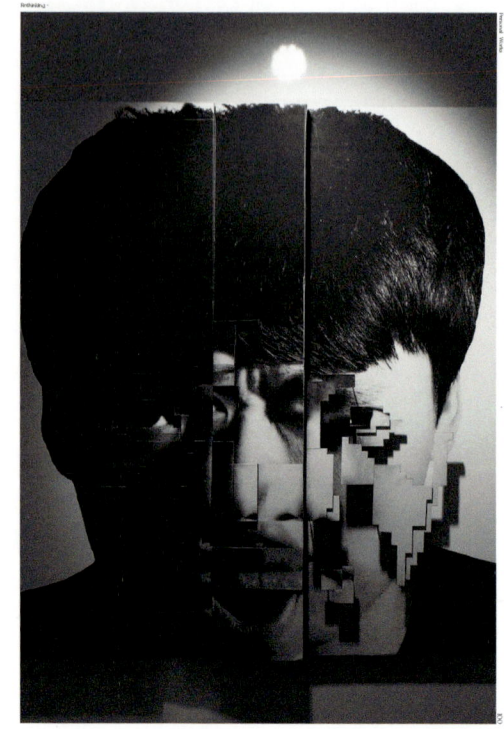

[그림 7-4] 개인 작업 1

프로젝트 #8 Portrait
의도: 짧은 프로젝트로 결과물과 개요를 글자만으로 표현하였으며 해당 작품의 분위기만을 느낄 수 있도록 최대한 절제한 표현을 사용하였음

[그림 7-5] 개인 작업 2

프로젝트 #9 MAB
의도: 개인 작업물, e북 제작을 보여주는 이미지로 해당 페이지 이외에도 여러 페이지가 있음을 보여주기 위해 우측 하단에 동일한 레이아웃의 여러 이미지를 배치하였음

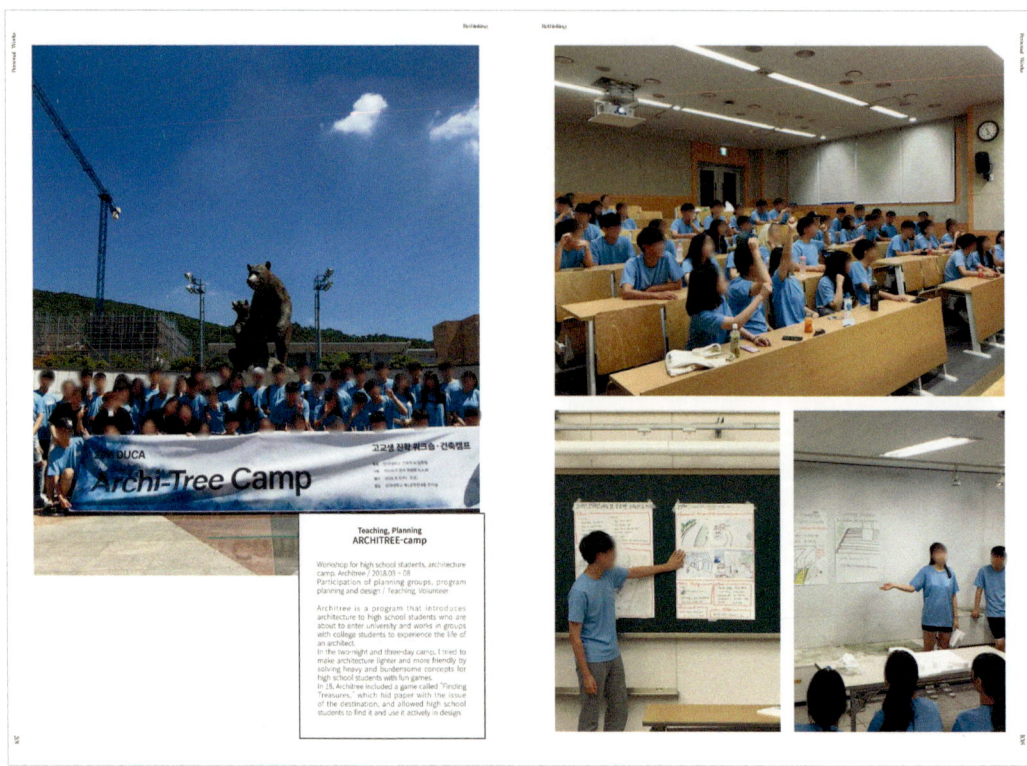

[그림 7-6] 개인 작업 3

프로젝트 #10 Architree
의도: 프로젝트 개요보다는 참여 위주의 사진으로 소통하고자 하였음. 개인 프로젝트는 다양한 설명과 과정보다는 결과와 참여 위주로 가벼운 호흡으로 제작

>> 마치며

포트폴리오는 언제나 '미완성의 기록'입니다. 한 번 완성했다고 끝나는 것이 아니라 새로운 프로젝트를 시작할 때마다 다시 쓰이고, 다시 편집되고, 다시 성장합니다. 포트폴리오를 완성했다는 것은 다음 단계로 나아갈 준비가 되었다는 뜻일지도 모릅니다.

    독자 여러분도 비슷한 고민을 하고 있을 것입니다. '이게 맞을까?' '이 정도면 충분할까?' '다른 사람들보다 부족하지 않을까?' 기억하세요. 완벽한 포트폴리오는 존재하지 않습니다. 다만, 자신의 생각을 가장 솔직하게 드러내는 포트폴리오만 존재할 뿐입니다.

    작업에는 '완성'이라는 것이 없을지도 모릅니다. 시간이 흐른 뒤 본인의 프로젝트를 돌아보면 그때는 보이지 않던 아쉬운 부분이 새롭게 보이기도 합니다. 그 과정을 수정하고 다듬는 시간이 쌓일수록 사고의 흐름은 더욱 깊어집니다.

이 책을 통해 여러분이 스스로의 기준을 세우고, 누군가의 기준이 아닌 '자신의 언어로 표현할 수 있는 건축가'로 성장하기를 진심으로 바랍니다. 그리고 언젠가, 여러분이 다시 누군가에게 포트폴리오를 가르쳐줄 때, 그 경험이 후배들에게 이어져 새로운 가능성으로 확장되기를 기대합니다.

포트폴리오는 때로는 순간의 목표를 위해 제작되고, 그 목표를 이루면 더 이상 사용되지 않는 경우도 많습니다. 그러나 이 책을 통해 끝없이 고민하고 매 순간 최선의 선택으로 포트폴리오를 다듬는다면, 단순히 목표 성취를 넘어, 여러분에게 새로운 기회를 만들어주는 도구가 될 것입니다.

작지만 단단한 포트폴리오 한 권이 여러분의 긴 여정에서 자신을 증명하는 가장 확실한 언어가 되기를 바랍니다.

지은이 **한태일**

단국대학교 건축학과(5년) 학사

(전)종합건축사사무소 디자인캠프 문박디엠피 팀장

(현)카이스에듀 건축사 부분 강사

(현)페이서 건축 전문 온라인 플랫폼 건축캐드 부분 강사

(현)페이서 건축 전문 온라인 플랫폼 포트폴리오 부분 강사

(현) ▶ Youtube 건축사 꼬리 채널 운영

건축사/건축기사

실내건축기사/건축안전기사

건축 포트폴리오 표현 기법
건축적 관점의 표현과 취업을 위한 시각화 전략

초판 1쇄 발행 2026년 1월 23일

지은이 한태일
펴낸이 김호석
편집부 이면희 · 김영선
마케팅 박선정
경영관리 박미경
영업관리 김경혜

펴낸곳 도서출판 대가
주소 경기도 고양시 일산동구 무궁화로 20-18 하임빌로데오빌딩 502호
전화 02-305-0210
팩스 031-905-0221
전자우편 dga1023@hanmail.net
홈페이지 www.bookdaega.com

ISBN 978-89-6285-383-4 13000

· 이 책은 저작권법에 따라 보호받는 저작물이므로 무단전재와 무단복제를 금합니다.
· 파본은 구입하신 서점에서 바꾸어 드립니다.